困った＆迷ったをササっと解決

パソコン裏ワザ＆便利ワザ事典

デジタルワークスラボ著
三才ブックス

CONTENTS

Chapter 1 Windowsを徹底的に使いこなす

操作の高速化

- 01 Windowsのサインインを簡単に済ませたい …………… 18
- 02 Windowsをキー操作で終了したい ……………………… 19
- 03 よく使うソフトをタスクバーから起動したい ……………… 20
- 04 起動したいソフトを検索機能で呼び出したい …………… 21
- 05 デスクトップ上のファイルを優先順に並べたい ………… 22
- 06 テキストのコピーをキー操作でもっと高速にしたい …… 23
- 07 右クリックをキー操作で代用したい ……………………… 24
- 08 作業ウィンドウをキー操作で切り替えたい ……………… 25
- 09 作業中のウィンドウをワンタッチで最小化したい ……… 26
- 10 上下に長い画面をキー操作でスクロールしたい ……… 27
- 11 ファイルの内容をプレビューで確認したい ……………… 28
- 12 ファイルの作成日や作成者をすばやく知りたい ………… 29
- 13 最近使ったファイルをすぐに開きたい …………………… 30
- 14 上のフォルダーへ簡単に移動したい ……………………… 31
- 15 よく開くフォルダーを簡単に開きたい …………………… 32
- 16 コントロールパネルなどをすばやく開きたい …………… 33

入力の高速化

- 17 アルファベットの入力をもっと高速に実行したい ……… 34
- 18 入力の途中で誤りに気づいたとき簡単に取り消したい … 35
- 19 よく使う人名や専門用語などを正しく変換したい ……… 36
- 20 読み方のわからない漢字を入力したい …………………… 37

セキュリティ

- 21 離席時などにパソコンを勝手に使われるのを防ぎたい … 38
- 22 パソコンをウイルスなどの脅威から守りたい …………… 39
- 23 アプリがファイアウォールでブロックされるのを防ぎたい …… 40

フォント

- 24 Wordなどでフォントの読み込みが遅いのを何とかしたい … 41

音量
25 パソコンの音量をアプリごとに変更したい …………… 42

日付と時刻
26 パソコンの時計が正確じゃないので修正したい ………… 43

圧縮／解凍
27 ファイルをZIP形式で圧縮／解凍したい ……………… 44

メンテナンス
28 不要なファイルを削除して空き容量を増やしたい ……… 45
29 ドライブの断片化を解消したい ………………………… 46
30 問題のあるハードウェアの状態を確認したい ………… 47
31 デバイスドライバーを元に戻したい …………………… 48
32 ドライブの名前を変えたい ……………………………… 49
33 ドライブの空き容量を確認したい ……………………… 50
34 ドライブのエラーをチェックしたい …………………… 51

ファイルの操作
35 ファイルやフォルダーを誤ってごみ箱に入れるのを防ぎたい … 52
36 ごみ箱を経由せずにファイルやフォルダーを完全に削除したい … 53
37 よく使う場所へ簡単にファイルをコピー／移動したい ……… 54

Chapter 2 Google検索を極める

検索の準備
01 Googleアカウントを取得する …………………………… 56
02 Google Chromeをインストールする …………………… 58

キーワード検索
03 Googleでできるだけすばやく検索したい ……………… 59
04 複数のキーワードを含むページを検索したい ………… 60
05 専門用語などの定義を調べたい ………………………… 61
06 どちらかのキーワードを含むページを検索したい …… 61
07 複雑な条件で検索したい ………………………………… 62
08 特定のキーワードを含まないページを検索したい …… 63

| 09 | 特定のフレーズが含まれるページを検索したい | 64 |
| 10 | 一部がわからない単語を検索したい | 65 |

検索オプション

11	最適な検索結果を一発で表示したい	66
12	特定のサイトだけを対象に検索したい	66
13	PDFやExcelのファイルに絞って検索したい	67
14	検索結果からアダルト関係の情報を排除したい	67

検索ツール

15	日本語のページだけを対象に検索したい	68
16	24時間以内に更新されたページを検索したい	69
17	今年の10月に更新されたページを検索したい	70

画像検索

18	キーワードに関する画像を探したい	71
19	検索結果の画像と似た画像を探したい	71
20	画像の種類やサイズで検索結果を絞り込みたい	72
21	手元の画像ファイルと似た画像を検索したい	73
22	ネット上に貼り付けられている画像で検索したい	74
23	再利用が許可されている画像を探したい	75

動画検索

| 24 | 懐かしの動画をキーワードで検索したい | 75 |

ニュース検索

| 25 | キーワードに関するニュースを検索したい | 76 |

検索履歴

| 26 | 以前検索した履歴から再度検索したい | 77 |
| 27 | 以前検索した履歴を削除してしまいたい | 78 |

検索の設定

28	検索結果から開くページを常に新しいタブで開きたい	78
29	検索条件を詳しく指定したい	79
30	検索結果が自動表示されないようにしたい	80

さまざまな検索

| 31 | 特定の場所の飲食店を探したい | 81 |
| 32 | 特定の場所の地図を検索したい | 81 |

33	外国語の単語の意味を調べたい	82
34	Googleで簡単な計算を実行する	82
35	特定の地域の天気を知りたい	83
36	単位や通貨を変換したい	84
37	企業名から今の株価を調べたい	85
38	電車の乗り換え情報を検索したい	85
39	宅配便の配送状況を知りたい	86
40	Webページ上のキーワードを簡単に調べたい	87
41	海外の都市の現在時刻を調べたい	88

Chapter 3 Excel&Wordの時短ワザを使う

Word・Excel全般

01	太字・斜体・下線などをすばやく設定したい	90
02	文字の色やサイズなどを簡単に設定したい	91
03	文字のサイズを自由に設定したい	92
04	「©」などの特殊な文字や記号を簡単に入力したい	93
05	複数の操作を一括で取り消したい	94
06	アイデアや情報をわかりやすい図で伝えたい	95

Excel／セルの選択

07	不連続な複数のセルをまとめて選択したい	96
08	連続した複数のセルを選択したい	97
09	もっと大きな範囲を簡単に選択したい	98
10	行または列全体を選択したい	99
11	連続した行または列をまとめて選択したい	100
12	不連続な行または列をまとめて選択したい	101

Excel／入力の基本

| 13 | 入力中の場所にショートカットキーで移動したい | 102 |
| 14 | 簡単な操作で同じ作業を繰り返したい | 103 |

Excel／数値の入力

| 15 | 12桁以上の数値をセルに正しく表示したい | 104 |

| 16 | 少数や分数を入力したい | 105 |
| 17 | 小数点以下9桁よりも小さな数値を正しく表示したい | 106 |

Excel／日付の入力

18	日付を「○月○日」の形式で入力したい	107
19	入力した日付の年を確認したい	108
20	日付の年号を西暦で表示したい	109
21	日付を「2016/1/1」のような形式で入力したい	110
22	日付の西暦を下2桁のみの入力で4桁表示させたい	111
23	日付を「平成28年1月1日」のように和暦で表示したい	112
24	日付を「H28.1.1」のように和暦で表示したい	113
25	日付の表示をいろいろな形式に変更したい	114
26	現在の日付や時刻を簡単に入力したい	115

Excel／連続データの入力

27	連続した数値を簡単に入力したい	116
28	連続した偶数や奇数などを簡単に入力したい	117
29	連続した数値を大量にまとめて入力したい	118
30	連続した日付を簡単に入力したい	119
31	連続した日付を大量にまとめて入力したい	120
32	連続した平日の日付を簡単に入力したい	121
33	毎月の同じ日を連続したセルに入力したい	122
34	毎年の同じ日を連続したセルに入力したい	123
35	連続した数字＋文字列を簡単に入力したい	124
36	1月から12月までを連続したセルに入力したい	125
37	連続した曜日を簡単に入力したい	126
38	平日だけの曜日を連続したセルに入力したい	127
39	一定のルールで連続データのリストを作成したい	128
40	複数のセルに同じデータを一括で入力したい	129

Excel／複数セルへの入力

41	連続した複数のセルに文字列をコピーしたい	130
42	連続した複数のセルに数値をコピーしたい	131
43	書式情報なしで連続した複数のセルにコピーしたい	132
44	選択した範囲のセルに次々とデータを入力したい	133

	45	連続した複数のセルに書式情報だけをコピーしたい	134
	46	複数のセルに入力したデータを一括で削除したい	135

Excel／セルの書式

	47	数値や文字列に設定した書式を取り消したい	136
	48	データの削除と同時にセルの書式もクリアしたい	137

Excel／オートコンプリート

	49	オートコンプリートを正しく機能させたい	138
	50	何度も使用する文字列の入力を省力化したい	139

Excel／オートコレクト

	51	URLからハイパーリンクを削除したい	140
	52	URLにハイパーリンクが設定されないようにしたい	141
	53	英単語の先頭が勝手に大文字になるのを防ぎたい	142
	54	長い文字列をできるだけ簡単に入力したい	143

Excel／フラッシュフィル

	55	姓名が入力されたセルから姓だけを抜き出したい	144
	56	別々のセルに入力された姓と名をひとつにまとめたい	145

Excel／コピー・貼り付け

	57	離れたセル範囲をまとめてコピーしたい	146
	58	データを貼り付けるときの形式を選択したい	147
	59	表の行と列を逆にして貼り付けたい	148
	60	セルの書式情報だけをコピーして貼り付けたい	150
	61	クリップボードにデータをコピーして貼り付けたい	151
	62	クリップボードに保存したデータを削除したい	152
	63	切り取った行や列を別の場所に挿入したい	153

Excel／表示設定

	64	特定の行や列を非表示にしたい	154
	65	表のタイトル行が常に表示されるようにしたい	155

Excel／書式設定

	66	長い文字列をセル内で折り返して全体を表示したい	156
	67	文字列を任意の位置で改行してセル内に表示したい	157
	68	「1-01」のような文字列をそのまま表示させたい	158
	69	「'」を使わずに「1-01」のような文字列を入力したい	159

70	金額表示で3桁ごとにカンマを挿入したい	160
71	小数点以下の表示桁数を変更したい	161
72	数値をパーセンテージで表示したい	162
73	マイナスの値を「▲」付きや赤字で表示したい	163
74	セルの背景にパターンを設定したい	164
75	文字列の先頭に余白を入れたい	165
76	セル内の文字列を縦書きまたは斜めにしたい	166

Excel／条件付き書式

77	特定の値よりも大きい／小さい数値を目立たせたい	167
78	同じ値を含むセルに書式を適用して重複を見つけたい	168
79	条件に一致する値のセルにアイコンを表示したい	169

Excel／印刷

80	印刷時の改ページ位置を変更したい	170
81	任意の位置に改ページを挿入したい	171
82	表の幅が1枚の用紙に収まるように印刷したい	172
83	タイトル行／列をすべてのページに印刷したい	173
84	ワークシート全体を白黒で印刷する	174
85	選択したセル範囲だけを印刷する	175

Word／アウトライン

86	全体の構成を考えながら効率よく文章を書きたい	176

Word／入力

87	よく使う定型句を簡単に入力したい	178
88	誤字・脱字や表記ゆれをチェックしたい	179
89	誤った表記が何か所もあるときにすばやく修正したい	180
90	小さい「っ」などが行頭にくるのを禁止したい	181
91	英数字の全角／半角を一括で変換したい	182
92	漢字などのルビを読みやすい位置に表示したい	183
93	文書の欄外に注釈を挿入したい	184

Word／書式

94	行頭の位置をきれいに揃えたい	185
95	段落の先頭文字を目立たせたい	186
96	特定の文字だけを90度回転させたい	187

97	文字や段落の書式を別の場所にも適用したい	188
98	気に入った書式を保存して再利用したい	189
99	1行分のスペースに2行の文字列を表示したい	190
100	縦書きの文章内で半角文字を横組みにしたい	191
101	重要な文字列をマーカーで強調したい	192
102	下線などの文字飾りを一括で別の種類に変えたい	193
103	箇条書きの行頭に好きな記号を使いたい	194

Word／レイアウト
| 104 | 文書を段組みにして読みやすくしたい | 195 |
| 105 | 文書の背景に「社外秘」などの透かしを入れたい | 196 |

Word／ヘッダー・フッター
| 106 | 欄外に文書のタイトルや日付などを入れたい | 197 |
| 107 | ページ番号をうまく挿入したい | 198 |

Office Online
| 108 | ExcelやWordのないパソコンで文書を閲覧・編集したい | 200 |

Chapter 4 メールのテクニックを磨く

メールの常識
01	メールに返信するときうまい件名を付けたい	202
02	メールに適切な署名を付けて送りたい	203
03	ビジネスメールで相手に好感を与える秘訣を知りたい	204
04	メールの文面で重要事項を目立たせたい	206
05	メールの返信で元の文章をうまく引用したい	207

メールの宛先
06	上司や同僚への連絡でCCを上手に使いたい	208
07	複数の顧客にメールを同報するときのマナーを知りたい	209
08	同じ部署のメンバーに効率よくメールを一斉送信したい	210
09	CCで届いたメールで全員に返信を送りたい	211

メールの便利ワザ
| 10 | 顧客や取引先へのメールで挨拶文を簡単に入力したい | 212 |

メールの整理
- 11 過去に受け取った重要なメールをすぐに見つけたい……… 213
- 12 受信したメールから添付ファイルをすばやく探したい……… 214

ファイル送信
- 13 サイズの大きいファイルをメールで送信したい ……… 215
- 14 写真を縮小してからメールに添付したい……… 216

Gmailの基本
- 15 Gmailでメールを新規作成して送信したい ……… 217
- 16 受信したメールに返信を書きたい ……… 218
- 17 受け取ったメールを別の人に転送したい……… 219
- 18 メールの作成画面を新しいウィンドウで開きたい ……… 219
- 19 作成中のメールを別のウィンドウで表示したい ……… 220
- 20 Googleフォトにアップした写真を添付したい ……… 221
- 21 メールにファイルを添付して送信したい ……… 222
- 22 メールに添付できないような巨大なファイルを送りたい……… 224
- 23 CCやBCCにメールアドレスを追加したい ……… 226
- 24 メールの末尾に自動的に署名を挿入したい ……… 226
- 25 文字の大きさや色などの書式を設定したい ……… 227
- 26 書きかけのメールを保存しておきたい ……… 228
- 27 メールをプリンターで印刷したい ……… 228

Gmailの管理
- 28 「新着」などのタブの表示／非表示を変更したい ……… 229
- 29 タブを表示せずに受信トレイを利用したい ……… 230
- 30 複数のメールがスレッドにまとまるようにしたい ……… 231
- 31 アーカイブ機能をうまく使いこなしたい ……… 231
- 32 受信トレイの表示形式を細かくカスタマイズしたい ……… 232
- 33 自分が宛先になっているかどうかを簡単に見分けたい ……… 234
- 34 重要なメールを見つけやすいように印を付けたい ……… 235
- 35 「重要」マークの付いたメールをまとめて確認したい ……… 235
- 36 スターの種類をいろいろ使い分けたい ……… 236
- 37 大事なメールに自動で「重要」マークを付けたい ……… 237

Gmailの検索

38 受信したメールをキーワード検索したい ……………………… 237
39 受信した時期や添付ファイルの有無などで検索したい …… 238

Gmailのラベル

40 条件を設定して自動的にラベルを付けたい ………………… 239
41 相手やタイトルによってメールを分類したい ……………… 240
42 ラベルが増えてきたので階層化して整理したい …………… 242
43 メールの移動とラベルの違いを知りたい …………………… 244

Gmailの便利な機能

44 CCに入っている相手にもメールを返信したい …………… 244
45 送信したメールを取り消したい ……………………………… 245
46 特定の条件に合うメールを自動転送したい ………………… 246
47 よく使う定型文を簡単にメールに挿入したい ……………… 248
48 別のアドレス宛のメールもGmailにまとめたい ………… 250
49 別のメールアドレスを使ってGmailから送信したい …… 251
50 メールをToDoリストに追加したい ………………………… 252
51 ToDoリストのタスクを追加・編集したい ………………… 253
52 届いたメールを別の人にも読んだり返信したりしてもらいたい … 254
53 Gmailのアカウントが不正アクセスされていないか調べたい … 254
54 外国語のメールを翻訳して読みたい ………………………… 255
55 スマホやタブレットでGmailを利用したい ……………… 256

Gmailのカスタマイズ

56 デザインを変更して好みの背景を表示したい ……………… 256
57 メールアプリのように3ペイン表示にしたい ……………… 257
58 メールボックスの容量が足りなくなったので追加したい … 258

Chapter 5 ネット動画を楽しむ

動画の検索

01 キーワードで動画を検索して視聴したい …………………… 260
02 条件を指定して検索結果を絞り込みたい …………………… 261

03	不適切な動画が表示されないようにしたい	262

動画の再生

04	動画の再生速度や画質を変更したい	262
05	もっと大きな画面で動画を視聴したい	263
06	ブラウザのウィンドウいっぱいのサイズで再生したい	264
07	YouTubeにサインインして利用したい	265
08	あとで見たい動画をリストに保存しておきたい	266
09	再生開始位置を時間で指定したい	267
10	今までに視聴した動画をもう一度再生したい	267

再生リスト

11	お気に入りの動画を連続再生したい	268
12	再生リストの動画の再生順序を並び替えたい	269
13	再生リストの公開範囲を変更したい	270

チャンネル

14	好みの動画を投稿しているユーザーを登録しておきたい	270
15	登録したチャンネルの新規投稿を知りたい	271

動画の共有

16	おもしろい動画をメールで友だちに教えたい	271
17	おもしろい動画をSNSで友だちに教えたい	272
18	自分のブログに動画を貼り付けたい	273
19	日本では再生できない動画を視聴したい	274

ダウンロード

20	ニコニコ動画の動画とコメントをダウンロードしたい	275
21	WebサービスでYouTubeからダウンロードしたい	278
22	YouTubeの再生リストをまるごとダウンロードしたい	280
23	「Craving Explorer」の設定を実行したい	282
24	「Craving Explorer」で動画を検索してダウンロードしたい	284
25	「Freemake Video Downloader」で動画を入手したい	286
26	「4K Vdeo Downloader」で4K動画をダウンロードしたい	289
27	「TokyoLoader」の設定を実行したい	290
28	「TokyoLoader」で動画をダウンロードしたい	291
29	Dailymotionから動画をダウンロードしたい	292

30	Youkuの視聴制限をChromeで突破したい	293
31	Youkuの動画をダウンロードしたい	294
32	PANDORA.TVの動画をダウンロードしたい	296
33	ひまわり動画から動画をダウンロードしたい	297
34	Anitubeから動画をダウンロードしたい	298
35	Facebookから動画をダウンロードしたい	300
36	Vineから動画をダウンロードしたい	302
37	ダウンロードした動画をパソコンで再生したい	304

動画の変換

38	動画を別の形式に変換したい	306

Chapter 6 パソコンをもっと便利に使う

PDF

01	渡した文書を勝手に改変されないようにしたい	308
02	WordやExcelからPDFを作成したい	309
03	PDFをWord文書に変換したい	310
04	PDFに注釈を付けて相手と意見交換したい	311
05	PDFの結合・分割を無料で実行したい	312

エクスプローラー拡張

06	エクスプローラーにタブ機能を追加したい	313
07	エクスプローラーで縮小表示できる画像の種類を増やしたい	314
08	エクスプローラーでフォルダーのサイズを簡単に確認したい	315
09	エクスプローラーのリボンを非表示にしたい	316

便利ツール

10	パソコンの画面をそのまま画像にしたい	317
11	写真や手書きの図を含んだメモを作りたい	318
12	Microsoft OfficeがないパソコンでOfficeを使いたい	319
13	アプリごとに音量を細かく調整したい	320
14	ファイル名を簡単に変更したい	321
15	重要なファイルをバックアップしておきたい	322

16	誤って削除したファイルを復元したい	323
17	よく使うアプリをすばやく起動したい	324
18	HDDやSSDに異常がないかチェックしたい	325
19	高機能なテキストエディタを使いたい	326
20	オンラインでメモを管理したい	327
21	画像を効率的に管理・閲覧したい	328
22	過去のコピー履歴を何度も利用したい	329

システム

23	USBメモリーを使えないようにしたい	330
24	不要なデータを一括して削除してしまいたい	331
25	パソコンのメンテナンスを手軽に実行したい	332
26	削除できないソフトをうまく削除したい	333
27	複数のパソコンでユーザーフォルダー名を一致させたい	334
28	古いソフトのヘルプを表示させたい	335

オンラインサービス

29	Googleマップの読み込みをもっと高速にしたい	336
30	OneDrive以外のオンラインストレージを利用したい	337
31	スケジュールの管理をもっと上手に行いたい	338
32	ToDoとスケジュールをまとめて管理したい	339
33	イベント参加のメンバー全員の日程を調整したい	340

Windows8.1

34	Windows 8.1のスタートボタンを非表示にしたい	341
35	Windows 8.1で7以前のスタートメニューを利用したい	342
36	Windows 8.1でスタート画面のタイルを変更したい	343

Google Chrome

37	Chromeに別のブラウザーからブックマークを移行したい	344
38	Webページの表示サイズを拡大／縮小したい	344
39	起動時に表示されるホームページを変更したい	345
40	ホームページへ簡単に戻れるようにしたい	346
41	ページ内をキーワードで検索したい	347
42	Webページをブックマークに登録したい	348
43	頻繁に見るサイトに簡単アクセスしたい	348

44	ブックマークが増えてきたので整理したい	349
45	特定のサイトを常に表示しておきたい	350
46	誤って閉じてしまったタブを再度表示したい	351
47	リンク先を新しいタブまたはウィンドウで表示したい	351
48	タブで表示中のページを別のウィンドウで開きたい	352
49	複数のタブをまとめて閉じたい	352
50	閲覧したページの履歴を簡単に確認したい	353
51	テキストエリアが狭いので広くしたい	353
52	他人に見られたくない履歴を削除したい	354
53	履歴やCookieなどをまとめて削除したい	355
54	Webページからファイルをダウンロードしたい	356
55	ダウンロードしたファイルを簡単に別の場所にコピーしたい	357
56	ダウンロードしたファイルの保存場所を変更したい	357
57	Webページ上の画像を簡単にダウンロードしたい	358
58	フォームやパスワードの自動入力を設定したい	358
59	不要になった拡張機能を削除／無効化したい	359
60	危険なWebページを少しでも安全に閲覧したい	359
61	履歴を残さずWebページを閲覧したい	360
62	拡張機能をインストールしてChromeの機能を追加したい	361
63	テーマを変更して好みのデザインに変更したい	362
64	うっとうしい広告をブロックして非表示にしたい	363

Googleドライブ

65	Googleドライブ形式の文書を新規作成したい	364
66	アップロード済みのオフィス文書をGoogleドライブ形式に変換したい	364
67	手元のファイルをGoogleドライブ形式に変換したい	365
68	「マイドライブ」で文書の共有を設定したい	366
69	Googleドライブの文書をオフィス文書形式に変換したい	366
70	誤って編集してしまった文書を元に戻したい	367
71	ローカルのファイルと簡単に同期したい	368
72	文書を他のユーザーと共有したい	369
73	Googleアカウントを持たない人と文書を共有したい	370
74	一部のシートだけを編集可能に設定したい	372

75	Googleドライブの文書をオフラインで編集したい	374
76	Googleドライブの文書を誰がいつ編集したか知りたい	375
77	Googleドライブのファイルを検索したい	375
78	さまざまな条件を設定して検索を実行したい	376
79	誤って削除したファイルを元に戻したい	377
80	添付ファイルをそのままGoogleドライブに保存したい	377
81	Googleドライブのファイルをそのまま送信したい	378
82	文書を共有している相手とチャットしたい	379
83	アンケート用のフォームを作りたい	380

Google一般

84	よく使うGoogleのサービスを簡単に起動したい	382
85	新語や固有名詞などをスムーズに入力したい	383

制作　ケイズプロダクション
装丁　鈴木恵（細工場）

※記事中のプログラムやOS、システムソフトウェアの名称は各メーカーの登録商標です。記事内容についてメーカーなどに問い合わせることはおやめください。また、本書発行後、アップデートなどにより、仕様が変更となる場合があります。あらかじめご了承ください。

※本書に掲載されている記事を実行して、万が一事故やトラブルに巻き込まれても、小社と筆者は一切の責任を負いかねます。また、本書を参考にした損害も補償致しません。利用する際には自己責任で行ってください。

※本書は、小社から刊行された『使える! Googleの便利技』『Windows8.1 スゴ技1400+α』『YouTubeとニコニコ動画をDVD&ブルーレイにしてTVで見る本2015』『必ず差がつく!!「デキる社員」と「普通の社員」のパソコン仕事術』『エクセル時短の裏ワザ400+α』『Windows10大全』の内容を再構成したものです。

Windowsを徹底的に使いこなす

01 操作の高速化

Windowsのサインインを簡単に済ませたい

　Windowsにサインインするとき、毎回パスワードを入力するのは非常に面倒だ。Windows 8／8.1／10では、画像のあらかじめ指定した場所をクリック＆ドラッグする「ピクチャパスワード」や、4桁の数字「PIN」による簡単なサインイン方法が用意されている。自分の環境に合わせて、もっとも使いやすいものを選ぶのがスムーズなサインインのポイントだ。

ピクチャパスワードは、設定画面から「アカウント」→「サインインオプション」をクリック／タップし、「ピクチャパスワード」の追加をクリック／タップして、現在のアカウントのパスワードのアカウントを入力することで設定できる。任意の画像を選んで、タップ、直線、円を組み合わせた任意の3ステップでジェスチャーを登録すればよい。

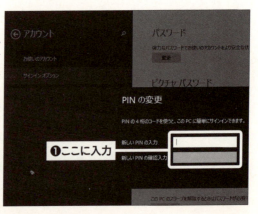

PINは、設定画面から「アカウント」→「サインインオプション」をクリック／タップし、「ピクチャパスワード」の追加をクリック／タップして、現在のアカウントのパスワードを入力することで設定できる。任意の4桁の数字を登録すれば、サインインは格段に早くなる（❶）。

02 操作の高速化

Windowsを
キー操作で終了したい

コンピューターのシャットダウン（終了）は、Windows 10や7では「スタート」メニューから電源ボタンをクリック／タプして、Windows 8／8.1ではチャームの「設定」から、「シャットダウン」を選択するのが一般的だろう。しかし、これらの操作は何度もクリックが必要なので意外と手間がかかる。

そんな場合は、ショートカットキーを使って終了のためのメニューを表示すれば、操作がスムーズだ。そのままEnterキーを押せばシャットダウンが実行され、ドロップダウンリストからは、「スリープ」や「再起動」「ユーザーの切り替え」も選択できる。

❶ 起動しているソフトが前面に表示されている状態で

Alt + **F4** → ソフト終了

❷ デスクトップをクリックして

Alt + **F4** → シャットダウンの画面が表示

❸ シャットダウンの画面が表示されたら

Enter → 終了

Windows 10で追加されたショートカットキー

- ⊞+←：アクティブウィンドウを左にスナップ
- ⊞+→：アクティブウィンドウを右にスナップ
- ⊞+↑：アクティブウィンドウを最大化
- ⊞+↓：アクティブウィンドウを最小化

03 操作の高速化

よく使うソフトを タスクバーから起動したい

　頻繁に使うソフトをデスクトップのアイコンや「スタート」画面から探して起動するのは効率が悪い。小さな時間のロスも積み重なれば大きな無駄となるので、できるだけなくすようにしたい。

　いつも使うソフトはすぐに起動できるようにタスクバーにピン止めしておこう。また、検索機能でソフト名を入力して起動する方法も慣れると便利だ。

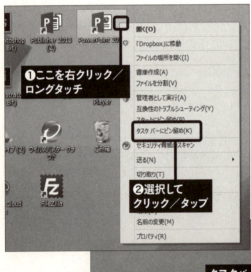

デスクトップアイコンやスタートメニューのタイルを右クリック／ロングタッチして（❶）、「タスクバーにピン止め」を選択してクリック／タップ（❷）。

❶ここを右クリック／ロングタッチ

❷選択してクリック／タップ

タスクバーにアイコンが表示され、クリックですばやく起動できるようになる。

タスクバーのアイコンからなら、すばやく起動可能

04 操作の高速化

起動したいソフトを検索機能で呼び出したい

パソコンにインストールしているソフトが増えると、必要なソフトを探すのに時間がかかってしまう場合がある。いちいちスタートメニューなどを確認して探すのは効率が悪い。

そんなとき、検索機能を使えば必要なソフトが一発で見つかる。検索機能ではファイルやフォルダの検索も可能なので、データが見つからないときは活用しよう。

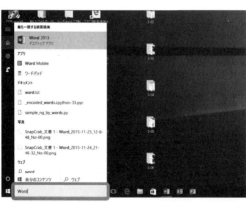

Windows 10や7ではスタートメニュー下部にある検索ボックスを使い、ソフト名の一部を入力することで候補が表示される。ファイルやフォルダーの検索も可能だ。

Windows 8/8.1では、マウスポインターを画面右下にポイントし、チャームを表示させ、「検索」をクリック／タップする。ソフト名を入力すると候補が表示され、それをクリック／タップすれば起動できる。

05 操作の高速化

デスクトップ上のファイルを優先順に並べたい

ファイルやフォルダをデスクトップに並べていると、必要なデータが見つけにくくなる。そんなときは、ファイルを整理・仕分けする「Fences」というフリーソフトを利用するとよい。デスクトップ上のファイルを「進行中」「完了済み」のようにカテゴリごとにグループ分けし、優先順位もつけられる。いますべきことが明確になるので、仕事の効率化が図れるだろう。

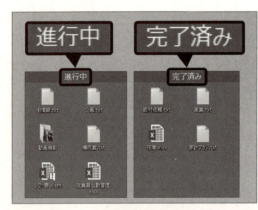

Fencesをインストールすると、左図のようにデスクトップを整理できる。「進行中」と「完了済み」のスペースを作り、ファイルを分類すれば、目的のファイルを見つけやすくなる。また、「進行中」のスペースでは、優先順に作業すれば効率的に仕事ができる。

分類用スペースには「進行中」など、任意に名前を付ければ、仕分けがしやすくなる。

Fences
作者:Stardock Corporation　価格:9.99ドル (30日間は無料で試用が可能)　URL:http://www.stardock.com/products/fences/

06 操作の高速化

テキストのコピーを キー操作でもっと高速にしたい

メールや文書の作成では、特定範囲のテキストを選択してコピー&ペーストを行う機会も多いだろう。そのときに活躍するのが、キーボードですばやく範囲選択するテクニックだ。この操作は、各種のショートカットキーと組み合わせるとさらに便利になる。

❶ カーソル位置から上下左右方向に選択するキー

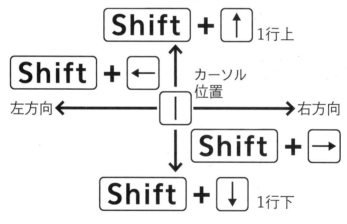

❷ カーソル位置から行頭・行末までを選択するキー

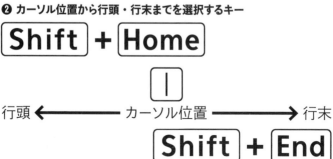

07 操作の高速化

右クリックを
キー操作で代用したい

　右クリックメニューを表示するときに役に立つのが、キーボード最下段右側にある、メニューと矢印のアイコンが描かれた「アプリケーション」キーだ。

　ただしこれは、すべてのパソコンに搭載されているわけではない。アプリケーションキーのないパソコンでは、Shift＋F10キーが同様の役目を果たす。右クリックのメニューが表示されたら、メニューの選択もキーボードから行おう。

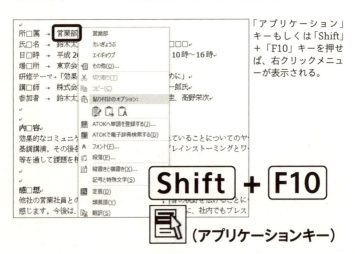

「アプリケーション」キーもしくは「Shift」＋「F10」キーを押せば、右クリックメニューが表示される。

Windows 10で追加されたショートカットキー

- ⊞ + Ctrl + D：新たな仮想デスクトップの作成
- ⊞ + Ctrl + F4：現在の仮想デスクトップを閉じる
- ⊞ + Tab：すべての仮想デスクトップをタスクビューページで閲覧

08 操作の高速化

作業ウィンドウを
キー操作で切り替えたい

作業を続けるうちに多数のウィンドウが開いた状態になることは多い。背後に隠れたウィンドウを表示するために、マウスでドラッグして手前のウィンドウを移動させていないだろうか。これだと時間がかかり、作業効率の低下につながる。

この場合、キーボードから操作すれば、前面に表示するウィンドウをすばやく切り替えることが可能だ。

❶ 前面に表示するウィンドウを切り替えるキー

Alt + Tab 例）エクセル→IE→ワード→デスクトップ……

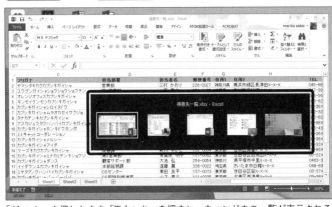

「Alt」キーを押したまま「Tab」キーを押すと、ウィンドウの一覧が表示される。そのまま「Tab」キーを押すごとに前面に表示するウィンドウが順に切り替わる。

❷ アプリケーション内で文書のウィンドウを切り替えるキー

Ctrl + Tab 例）エクセル文書1→エクセル文書2→……

エクセルやウェブブラウザなど、ひとつのアプリケーションで複数のファイルが開いているときは、こちらのショートカットキーを利用すれば切り替えられる。

09 操作の高速化

作業中のウィンドウをワンタッチで最小化したい

作業を中断するためウィンドウを最小化するには、ウィンドウ右上のボタンをクリックするのが一般的だろう。しかしこの方法は、マウスポインタが画面下方にある場合にはムダな動きが大きくなる。ショートカットキーでウィンドウ操作のメニューを表示すれば、最小限の動きで最小化や最大化が可能だ。

❶ 手前にあるウィンドウだけを最小化したいとき

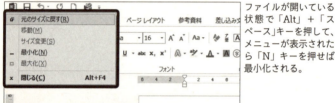

ファイルが開いている状態で「Alt」+「スペース」キーを押して、メニューが表示されたら「N」キーを押せば最小化される。

Alt + Space → N →最小化

Alt + Space → X →最大化

❷ すべてのウィンドウを最小化してデスクトップを見たいとき

最小化した状態

⊞ + D

「ウィンドウズ」キー+「D」を押せば、現在開いているすべてのウィンドウを最小化できる。

10 操作の高速化

上下に長い画面を
キー操作でスクロールしたい

　通常マウスを使う作業の多くは、実はキーボードからも操作可能だ。キーボード操作を増やせば手の動きが最小限で済むようになり、負担の軽減につながるはずだ。

　画面スクロールに関するキーはいくつかの種類があり、押したときのスクロール量がそれぞれ異なるので目的に応じて使い分けよう。PageUpキー、PageDownキーは1画面分ずつ移動するのでもっとも便利だ。Homeキー、Endキーは、その画面の最上部や最下部に移動できる。少しだけスクロールしたい場合には、上下の矢印キーを使うと便利だ。

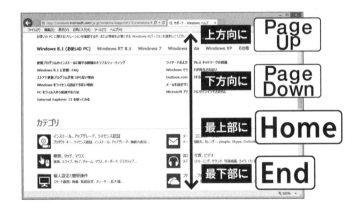

従来からある使えるショートカットキー
- ⊞ + , ：アプリを一時的に隠してデスクトップを表示
- ⊞ + D ：アプリを最小化してデスクトップを表示
- Ctrl + Shift + M ：すべての最小化したウィンドウを元のサイズに

操作の高速化

ファイルの内容を
プレビューで確認したい

　エクスプローラー（フォルダのウィンドウ）に並んだファイルの内容を確認したいとき、ひとつずつファイルを開いていたのでは時間がかかる。

　そんなときに役立つのが、エクスプローラーのプレビュー（表示）機能だ。プレビューを有効にすると、ファイル一覧右側のプレビューウィンドウに選択中のファイルの内容が表示される。複数のページがある場合は、左下の矢印ボタンをクリックすればページの切り替えも可能だ。

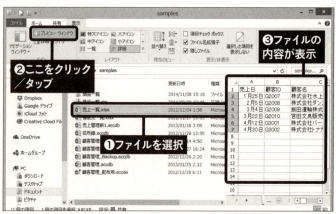

確認したいファイルを選択し（❶）、プレビューウィンドウをクリック／タップすると（❷）、右側に内容が表示される（❸）。

従来からある使えるショートカットキー

- ⊞ + Home ：アクティブウィンドウ以外のアプリを最小化
- ⊞ + L ：PCをロックしてロックスクリーンへ移行
- ⊞ + E ：ファイルエクスプローラーを起動

12 操作の高速化

ファイルの作成日や作成者をすばやく知りたい

ファイルの作成日や作成者、サイズを確認したいとき、右クリックメニューから「プロパティ」を開くのは手間がかかる。また、複数のファイルの情報が見たい場合でも、ひとつずつ確認しなければならないので非常に効率が悪い。このようなときは、「詳細ウィンドウ」を有効にすれば選択中のファイル情報がエクスプローラー画面の右側に表示され、簡単に確認できる。

ファイルを選択して（❶）、「詳細ウィンドウ」をクリック／タップすれば（❷）、エクスプローラー画面の右側に選択したファイルのサイズなどが表示される（❸）。

「詳細」をクリック／タップして（❶）詳細表示にすればファイルの更新日時などが一覧表示される（❷）。

13 操作の高速化

最近使ったファイルをすぐに開きたい

　つい最近使ったばかりのファイルを再び開くために、エクスプローラーからフォルダをたどって探すのは非常に効率が悪い。タスクバーにピン止めしているアプリケーションなら、アイコンを右クリック／ロングタッチするだけで最近使ったファイルへ簡単にアクセスできる。表示するファイルの数を変更したい場合は、タスクバーの何もない所を右クリック／ロングタッチして、「プロパティ」の「ジャンプリスト」から表示する項目の数を設定すればよい。なお、最近使ったファイルを表示したくない場合にもここから設定できる。

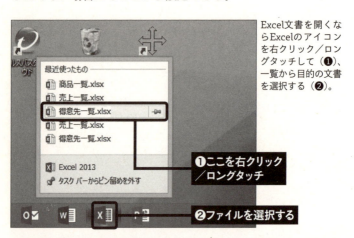

Excel文書を開くならExcelのアイコンを右クリック／ロングタッチして（❶）、一覧から目的の文書を選択する（❷）。

❶ここを右クリック／ロングタッチ
❷ファイルを選択する

従来からある使えるショートカットキー

[Alt] + [↑]：エクスプローラーで上のフォルダに移動
[Alt] + [←]：エクスプローラーで前のフォルダに移動
[Alt] + [→]：エクスプローラーで次のフォルダに移動

14 操作の高速化

上のフォルダーへ簡単に移動したい

エクスプローラーで1階層上のフォルダに戻ったり1階層下のフォルダに進んだりするとき、画面左上までマウスを移動させて「戻る」「進む」ボタンをクリック／タップするのが煩わしいと感じたことはないだろうか。実はBackSpaceキーで「戻る／進む」の操作が可能だ。

●**キー操作で前のフォルダに戻る／進む**

親フォルダ

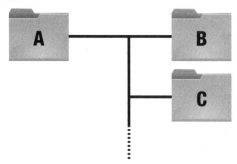

フォルダAにフォルダB、フォルダCが含まれているとき

● **AからBへ移動後**

`BackSpace` または `Alt` + `←` → Aに戻る

● **Aに戻ったあと**

`Alt` + `→` → Bに戻る

● **Cに移動後**

`Alt` + `↑` → Aに戻る

15 操作の高速化

よく開くフォルダーを簡単に開きたい

　いつも使うフォルダは、すぐに開けるようにしておこう。エクスプローラー（ウィンドウ）の「お気に入り」に登録すれば、画面左の「お気に入り」下の一覧に表示される。いつもそこから開くようにするとよいだろう。また、アプリケーションと同様にデスクトップにショートカットを作成することも可能だ。

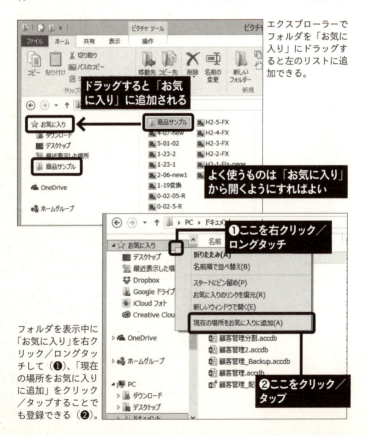

エクスプローラーでフォルダを「お気に入り」にドラッグすると左のリストに追加できる。

フォルダを表示中に「お気に入り」を右クリック／ロングタッチして（❶）、「現在の場所をお気に入りに追加」をクリック／タップすることでも登録できる（❷）。

16 操作の高速化

コントロールパネルなどを すばやく開きたい

　Windowsの操作を効率化するために、ぜひ覚えておきたいのが「クイックアクセスメニュー」だ。このメニューを使えば、コントロールパネルやコマンドプロンプトの起動、シャットダウンなどの操作をすばやく実行できる。

「スタート」ボタンを右クリック/ロングタッチする(❶)。または、Windows+「X」キーを押してもよい。なお、ここではデスクトップを例にしているが、「スタート」画面やアプリの画面などでも同様に操作できる。

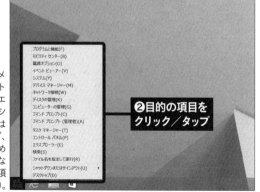

クイックアクセスメニューには「コントロールパネル」「エクスプローラー」「シャットダウンまたはサインアウト」など、よく使う機能が集められている。このなかから利用したい項目を選択しよう(❷)。

アルファベットの入力をもっと高速に実行したい

日本語入力をしている途中でアルファベットの入力が必要になった場合、いちいち入力モードを切り替えるのは非常に効率が悪い。そのようなときに役立つのが、日本語入力モードのままアルファベットを入力するテクニックだ。

❶「Shift」キーで英字入力する

「Shift」キーを押しながら最初の文字を入力すると英字が入力される。「Enter」で確定すれば日本語入力に戻る。

❷「F10」キーで半角英字、「F9」キーで全角英字

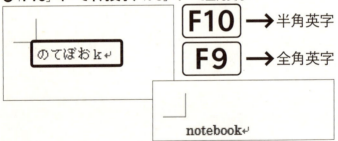

❸ 変換した英字を大文字にする

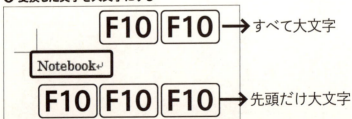

18 入力の高速化

入力の途中で誤りに気づいたとき簡単に取り消したい

ワードやエクセル、パワーポイントなどで文章を入力しているとき、日本語変換して確定する前であれば、Escキーを押してみよう。確定されていない文章が一気に削除されるはずだ。もし変換途中なら、1回ではなく数回Escキーを押す必要がある。

❶ 入力途中の日本語入力部分を削除

❷ 確定してしまった文章を元に戻す

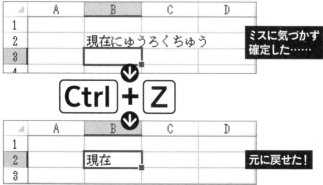

19 入力の高速化

よく使う人名や専門用語などを正しく変換したい

　読み方が特殊な単語などは、うまく変換できないことがある。その場合には「ユーザー辞書ツール」を使って、手動で辞書に読み方と漢字を登録しておくと、その読み方を入力したときに変換できるようになる。

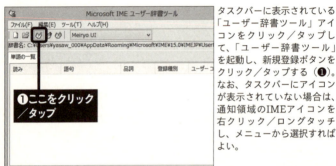

タスクバーに表示されている「ユーザー辞書ツール」アイコンをクリック/タップして、「ユーザー辞書ツール」を起動し、新規登録ボタンをクリック/タップする（❶）。なお、タスクバーにアイコンが表示されていない場合は、通知領域のIMEアイコンを右クリック/ロングタッチし、メニューから選択すればよい。

単語の登録ダイアログが開くので、単語と読みを入力し（❷）、「登録」をクリック/タップする（❸）。

20 入力の高速化

読み方のわからない漢字を入力したい

IMEパッドの手書き入力では、読み方のわからない漢字を調べることができる。文字を手書きで入力すると、自動で検索されて一致度が高い順に候補が表示される。

タスクバーに表示されている「IMEパッド」アイコンをクリック/タップして、IMEパッドを起動する。手書き入力や画数の検索は、IMEパッドの左にあるボタンをクリック/タップして切り替える（❶）。

❶ここから選択

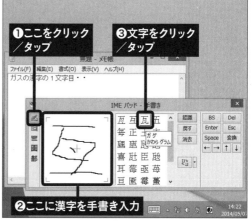

❶ここをクリック/タップ
❸文字をクリック/タップ
❷ここに漢字を手書き入力

IMEパッドの左上にある「手書き」アイコンをクリック/タップする（❶）。マウスまたは指で漢字を書くと（❷）、右側に候補の一覧が表示されるので、このなかから入力したい文字を選択する（❸）。

Windowsを徹底的に使いこなす

21 セキュリティ

離席時などにパソコンを勝手に使われるのを防ぎたい

　パソコンでの作業中に席を離れるとき、他人に勝手に操作されたり、画面を見られたりするのを防ぐには、ロックしておくと安心だ。解除するときは、ロック画面でパスワードを入力すればよい。

「スタート」画面右上のアカウント名をクリック/タップし(❶)、表示されるメニューから「ロック」を選択する(❷)。または、キーボードでWindows +「L」キーを押してもよい。

画面を上へスワイプするか(❶)、マウスでクリックしてロックを解除する(❷)。または、キーボードで任意のキーを押してもよい。

22 セキュリティ

パソコンをウイルスなどの脅威から守りたい

　Windows 7以前のOSに搭載されていた「Windows Defender」は、スパイウェアや「トロイの木馬」のようなマルウェア対策ソフトで、狭い意味でのウイルスには対応しなかった。しかし、Windows 8以降のWindows Defenderは、ウイルス対策機能を持つことになった。サードパーティー製ウイルス対策ソフトほどの機能はないが、ないよりはいいだろう。

コントロールパネルの「Windows Defender」の画面のホームタブを選択(❶)。「スキャンのオプション」から「カスタム」を選択し(❷)、「今すぐスキャン」をクリック/タップする(❸)。

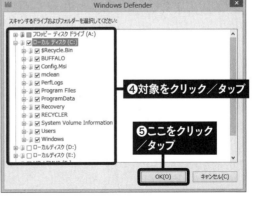

パソコンのディスクドライブとフォルダの一覧画面でチェックボックスをオンにすると(❹)、スキャンの対象となる。「OK」ボタンをクリック/タップすると(❺)、スキャンを開始する。

23 セキュリティ

アプリがファイアウォールでブロックされるのを防ぎたい

　Windowsファイアウォールの「許可されたアプリ」画面には、Windowsファイアウォールが認識しているアプリが一覧表示される。目的のアプリがある場合には、チェックボックスのオン／オフ操作で通信許可を設定できるが、一度も起動していないアプリなど、一覧にないアプリもある。通信を許可するために、一覧に新たにアプリを追加する方法を紹介する。

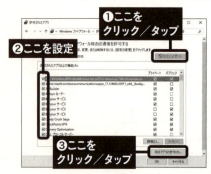

コントロールパネルを開き、「システムとセキュリティ」→「Windowsファイアウォール」をクリック／タップ。「Windowsファイアウォールを介したアプリまたは機能を許可」をクリック／タップ。「設定の変更」をクリック／タップし（❶）、通信を許可するアプリにチェックを入れる（❷）。アプリが一覧にない場合は、「別のアプリの許可」をクリック／タップ（❸）。

「参照」をクリック／タップし（❹）、追加するアプリの実行ファイルを選択する。アプリが追加されたことを確認し（❺）、「追加」をクリック／タップする（❻）。

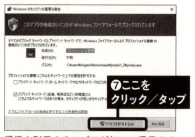

通信を利用するアプリが初めて通信するときは、Windowsファイアウォールが警告メッセージを表示するので、「アクセスを許可する」をクリック／タップすると（❼）、アプリの通信が許可される。キャンセルをクリック／タップすると、通信が常に拒否される。

24 フォント

Wordなどでフォントの読み込みが遅いのを何とかしたい

インストール済みのフォントは他言語用も含めて数百種類ある。通常使用しないフォントもパソコン起動時には読み込まれ、起動時間やメモリのリソースを消費する。このため、不要なものは削除するのが望ましい。ただし、システムが使用するフォントもあるので、復元できるようにバックアップは取得したい。

まず、コントロールパネルの「フォント」画面からデスクトップなどに削除したいフォントをドラッグし（❶）、コピーを作成して退避する。次に、もう一度フォントを選択し「削除」をクリック／タップして（❷）、システムからフォントを削除する。

非表示にしたいフォントファイルを選択して（❸）、「非表示」をクリック／タップする（❹）。

パソコンの音量を
アプリケーション別に設定したい

25 音量

再生中のビデオや音楽、イベント発生時に出力されるシステム音など、パソコンが出力するサウンドにはさまざまある。これらの音量をまとめて下げたいとき、あるいはアプリケーションごとに異なる音量に設定したいときは、ボリュームコントロールで再生デバイスの音量を調節する。

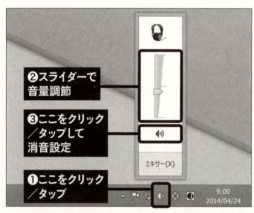

パソコン内のアプリケーションの音量を一括して変更するには、通知領域の「スピーカー」アイコンをクリック/タップし（❶）、スライダーをドラッグすればよい（❷）。Windoes8/8.1の場合、「ミュート」アイコンをクリック/タップ（❸）すると消音状態になる。

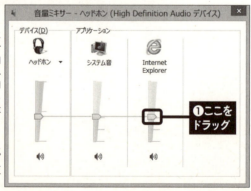

アプリごとに個別に音量を調節する場合は、「スピーカー」アイコンから開かれる「音量ミキサー」を利用する。起動しているアプリの音量が表示されるので、スライダーをドラッグすると、システム音とは別にそのアプリの音量だけを変更できる（❶）。

26 日付と時刻

パソコンの時計が正確じゃないので修正したい

通知領域の「時計」には、パソコンの内蔵時計との連携により現在の日付と時刻が表示される。通常はインターネット時刻と自動的に同期しているが、正確な日付や時刻が表示されていなければ手動で調整することも可能だ。

通知領域にある時計をクリック/タップし(❶)、「日付と時刻の設定」をクリック/タップする(❷)。

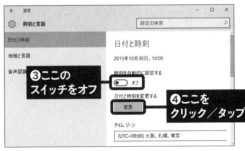

「時刻を自動的に設定する」のスイッチをオフにする(❸)。さらに、「日付と時刻を変更する」の「変更」をクリック/タップする(❹)。

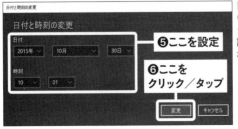

日付と時刻を設定し(❺)、「変更」をクリック/タップすれば(❻)、設定した日時が表示される。

27 圧縮／解凍

ファイルをZIP形式で圧縮／解凍したい

　Windows 8／8.1／10では、標準でZIP形式でのファイル圧縮機能を利用できる。エクスプローラーのリボンインターフェイスから使えるほか、コンテキストメニューからも可能だ。

ファイルやフォルダーを圧縮するには、エクスプローラーでリボンの「共有」タブを開き、圧縮したいファイルやフォルダーを選択（❶）。「Zip」ボタンをクリック／タップすれば圧縮される（❷）。

圧縮ファイルを解凍するには、エクスプローラーで解凍したいZIP/LZHファイルを選択し（❶）、リボンの「圧縮フォルダーツール」→「展開」で、「すべて展開」をクリック／タップすればよい（❷）。また、ファイルを右クリック／ロングタッチし、「すべて展開」を選択してもよい。

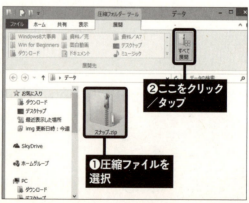

28 メンテナンス

不要なファイルを削除して空き容量を増やしたい

Windows 8 / 8.1 / 10で作業を行うと、一時ファイルとしてさまざまなファイルが自動作成される。「ディスククリーンアップ」を実行すると、これらのファイルが削除され、ドライブの空き容量をある程度確保できる場合がある。

エクスプローラーを表示し、不要ファイルを削除したいドライブをクリック/タップしたら(**❶**)、リボンの「管理」タブ→「クリーンアップ」をクリック/タップする(**❷**)。

「ディスククリーンアップ」ダイアログが表示されるので、削除したいファイルにチェックを入れ(**❸**)、「OK」をクリック/タップする(**❹**)。

図のようなダイアログが表示されたら、「ファイルの削除」をクリック/タップして、削除を実行する(**❺**)。

29 メンテナンス

ドライブの断片化を解消したい

ディスクへの書き込みや削除を繰り返すと、使用領域が徐々に断片化する傾向がある。断片化が進むと読み書き速度の低下などの症状が発生するため、定期的に「最適化」を行い、断片化を解消しておくことが重要だ。

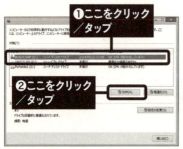

エクスプローラーで任意のドライブをクリック/タップし、リボンの「管理」タブ→「最適化」をクリック/タップすると、「ドライブの最適化」ダイアログが表示される。ここで、分析したいドライブをクリック/タップして選択し(❶)、「分析」をクリック/タップする(❷)。

分析が済むと、「現在の状態」に断片化の情報が表示される。一覧からドライブを選択して(❸)、「最適化」をクリック/タップすると、最適化が実行できる(❹)。

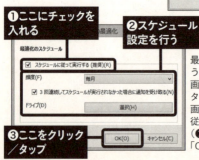

最適化は設定によって、定期的に行うことも可能だ。「ドライブの最適化」画面で「設定の変更」をクリック/タップし、「最適化のスケジュール」画面を表示したら、「スケジュールに従って実行する」にチェックを入れ(❶)、頻度などの設定を行い(❷)、「OK」をクリック/タップする(❸)。

30 メンテナンス

問題のあるハードウェアの状態を確認したい

使用に問題のあるデバイスは、デバイスマネージャー上で「!」や「×」アイコンが表示されるので、プロパティを開いて状態をチェックするとよい。新たにデバイスを接続する際、ドライバーがうまくインストールされないなどの理由で表示されることが多い。

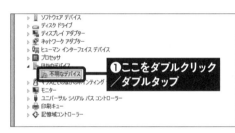

Windows+「X」キー→「M」キーを押して、デバイスマネージャーを開く。問題のあるデバイスには、「!」や「×」アイコンが表示される。状態を確認するには、項目をダブルクリック/ダブルタップする(❶)。

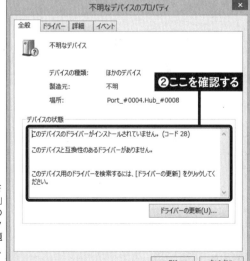

プロパティが表示されるので、「全般」タブの「デバイスの状態」欄をチェック(❷)。どういう問題があるのか確認し、対策に役立てよう。

31 メンテナンス

デバイスドライバーを元に戻したい

デバイスドライバーを更新すると、デバイスがうまく動作しなくなることがある。そんなときは、「ドライバーを元に戻す」を実行し、更新前の状態に戻して様子を見よう。不具合が改善されたドライバーがリリースされたら、再度更新するとよい。

47ページで解説したデバイスマネージャー上でドライバーを選択し、右クリック/ロングタッチして表示されたメニューから「プロパティ」をクリック/タップ。開いた「プロパティ」ダイアログから「ドライバー」タブを表示し、「ドライバーを元に戻す」をクリック/タップする（❶）。

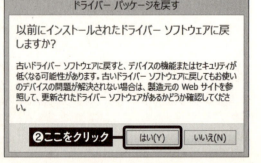

「ドライバーパッケージを戻す」ダイアログが表示されたら、「はい」をクリック/タップする（❷）。

32 メンテナンス

ドライブの名前を変えたい

ドライブの名称は「ボリュームラベル」と呼ばれ、標準で「ローカルディスク」などの名前が付けられている。そのままでも問題はないが、任意で変更することも可能なので、ドライブの役割に応じて「OS」や「DATA」などの名前を割り振ってもよいだろう。なお、ボリュームラベルを変更するには、管理者の権限が必要だ。

エクスプローラーを起動し、ボリュームラベルを変更したいドライブをクリック／タップしたら、リボンの「コンピューター」→「名前の変更」をクリック／タップし（❶）、名前を入力する（❷）。「アクセス拒否」ダイアログが表示されたら、「続行」をクリック／タップする（❸）。

33 メンテナンス

ドライブの空き容量を確認したい

エクスプローラーからおおまかな空き領域は確認できる。しかし、もっと詳細な情報が閲覧したい場合は、該当するドライブのプロパティを閲覧するとよい。1バイト単位で空き領域を確認することができる。

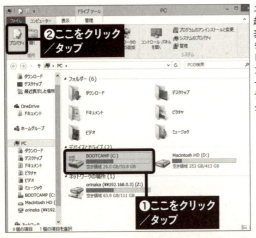

エクスプローラーを起動し、空き領域を表示したいドライブをクリック/タップしたら（❶）、リボンの「コンピューター」タブ→「プロパティ」をクリック/タップする（❷）。

該当するドライブのプロパティが表示される。「全般」タブの「使用領域」「空き領域」項目で、ドライブの領域について閲覧できる。

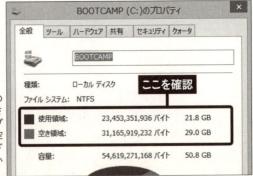

50

34 メンテナンス
ドライブのエラーをチェックしたい

ハードディスクやSSDの読み書きを繰り返し行うと、ファイルエラーが発生し、最悪の場合、故障する可能性もある。ドライブのスキャンを実行し、エラーの確認と修復を実行しよう。

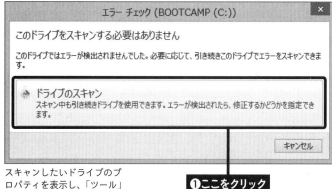

スキャンしたいドライブのプロパティを表示し、「ツール」タブ→「チェック」→「ドライブのスキャン」をクリック/タップする（❶）。

❶ここをクリック/タップ

スキャン完了後のダイアログで「詳細の表示」をクリック/タップすると、イベントビューアーが表示され、スキャンの結果が表示される。不良セクターがある場合は、ドライブの交換を検討したほうがよい。

Windowsを徹底的に使いこなす

51

35 ファイルの操作

ファイルやフォルダーを誤ってごみ箱に入れるのを防ぎたい

Windows 8／8.1／10では、ファイルやフォルダーをごみ箱へ移動するとき、デフォルトでは確認メッセージが表示されない。これでは誤操作でごみ箱に入れてしまう可能性があるので、設定を変更して確認のダイアログが表示されるようにしよう。

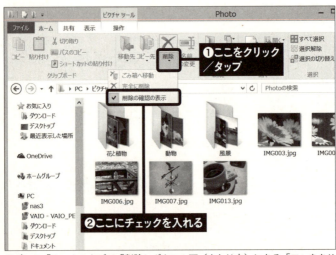

リボンの「ホーム」タブで「削除」ボタンの下（または右）にある「▼」をクリック／タップし（❶）、「削除の確認の表示」にチェックを入れる（❷）。なお、ごみ箱アイコンを右クリック／ロングタッチし、「プロパティ」を選択して設定することも可能。

設定後は、ファイルやフォルダーを削除しようとすると確認のダイアログが表示される。続行する場合は「はい」、取り消したい場合は「いいえ」をクリック／タップしよう（❸）。

36 ファイルの操作

ごみ箱を経由せずにファイルやフォルダーを完全に削除したい

ファイルやフォルダーをすぐに削除したいときは、ごみ箱へ移動させずにその場で完全に削除することも可能だ。この方法では、前項で紹介した設定に関係なく、削除時に確認メッセージが表示される。

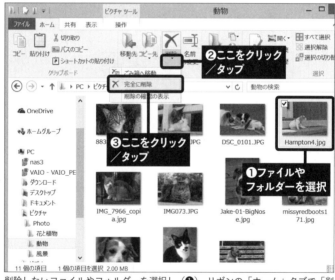

削除したいファイルやフォルダーを選択し（❶）、リボンの「ホーム」タブで「削除」ボタンの「▼」をクリック／タップして（❷）、「完全に削除」を選択する（❸）。

「完全に削除しますか？」という確認のダイアログが表示される。「はい」をクリック／タップすると（❹）、すぐに完全に削除される。

37 ファイルの操作

よく使う場所へ簡単に
ファイルをコピー／移動したい

ファイルやフォルダーのコピー／移動は、リボンから行うこともできる。とくに、よく使うフォルダーへコピー／移動する場合は、リストから簡単に選択できるので便利だ。

コピー／移動したいファイルやフォルダーを選択し（❶）、リボンの「ホーム」タブで「コピー先」または「移動先」をクリック／タップして（❷）、表示されるリストからコピーまたは移動したい場所を選択する（❸）。

リストから「場所の選択...」を選んだ場合は、「項目のコピー」または「項目の移動」ダイアログが表示される。このなかからコピー／移動したい場所を選択し（❶）、「コピー」または「移動」をクリック／タップする（❷）。

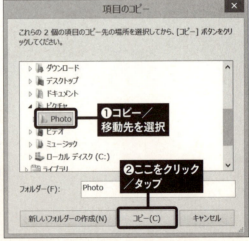

Chapter.
2

Google検索を極める

01 検索の準備

Googleアカウントを取得する

　Googleのサービスやソフトを利用するとき、Googleアカウントが必要となる。Googleの利用状況や作成したデータは、Googleアカウントに紐付けられるからだ。Googleアカウントは、パソコンだけでなく、スマートフォンでも取得できるが、入力しやすいパソコンで作業するのが便利だ。なお、GoogleアカウントはGmailのアドレスとしても使える。

Googleの検索ページ（http://www.google.co.jp/）にアクセスし、右上の「ログイン」をクリック／タップする（❶）。

Googleアカウントを入力する画面が表示されるので、「アカウントを作成」をクリック／タップする（❷）。

必要事項を入力してアカウントを取得する。ユーザー名(「@」の前の部分)は変更できないので、慎重に考えよう。入力できたら、「次のステップ」をクリック/タップする(❸)。

アカウント登録が完了すると、この画面が表示される。「開始する」をクリック/タップして(❹)、Google検索のページに移動しよう。

Google検索を極める

02 検索の準備

Google Chromeを
インストールする

　Google Chromeは、Googleが無料配布しているブラウザ。現在、国内ではInternet Explorerに次ぐ第2位、海外では国によっては第1位のシェアを占めている。Googleが配布しているだけあって、Googleのサービスとの連携が取りやすいので、Chapter.2ではChromeの利用を前提に解説を進めている。まだ使っていない人は、ここでインストールしておいてほしい。

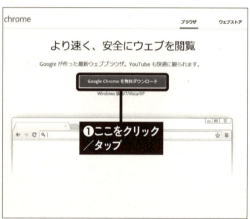

Internet ExplorerなどのブラウザでChromeのページ(http://www.google.com/chrome/)にアクセスして「Google Chromeを無料ダウンロード」をクリック／タップする(❶)。

Internet Explorerでダウンロードすると、「アプリケーションの実行 - セキュリティの警告」ダイアログが表示される。「実行」をクリック／タップすると(❷)、ダウンロードとインストールが実行される。

03 キーワード検索

Googleでできるだけ すばやく検索したい

すでに開いているChromeがあれば、アドレスバーに検索キーワードを直接入力しよう。キーワードの入力後、Enterキーを押すと、キーワードを含むWebページを検索できる。

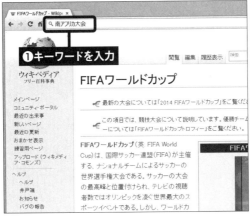

開いているChromeのアドレスバーに検索キーワードを入力し（❶）、Enterキーを押せばWebページの検索がはじまる。このように簡単な操作で検索を実行できるが、ブラウザの表示内容は検索結果によって変わるので注意しよう。

検索結果として、入力したキーワードを含むWebページが表示される。リンク先をクリックすると内容を閲覧できる。なお、アドレスバーではなく、検索ボックスで検索した場合は、「新しいタブ」ボタンや「検索」アイコンをクリック／タップすればよい（❶）。

04 キーワード検索

複数のキーワードを含むページを検索したい

　ひとつのキーワードで検索するより、複数のキーワードで検索したほうが、検索の精度が上がり、目的とする結果を得やすい。複数のキーワードは、スペース（空白）で区切って入力し検索すればよい。

　また、検索のための入力は単語ではなく文でもよい。ただし、「Googleの検索エンジンは便利に使える」などのように単語と係り受けの多い文の場合は注意が必要だ。単語の区切り、単語間の係り受け、動詞の活用形や助詞の扱いの問題で、必ずしも文が意味する内容を検索できるとは限らない。このため、複数のキーワードは単純にスペースで区切って入力しよう。

この例では「南アフリカ大会」と「優勝」の2つの語をスペースで区切って検索した。意図した問いは「前回ワールドカップの南アフリカ大会で優勝した国」である。一致した語は強調表示され、期待した結果を得た。

05 キーワード検索

専門用語などの定義を調べたい

　専門用語の意味や解説を検索したい場合は、専門用語につづけて「とは」の2文字をキーワードにするとよい。多くの場合、Wikipediaや用語辞書などのページが開く。

「量子論」の意味を調べるために、「量子論とは」というキーワードを指定し検索した。検索結果の最上位には、ウィキペディアの「量子論」のページへのリンクが表示されている。

06 キーワード検索

どちらかのキーワードを含むページを検索したい

　語句を「OR」でつないで入力しよう。スペース区切りの場合は「すべての語句を含むページの検索」であったが、「OR」の場合は「いずれかの語句を含むページの検索」となる。

2つの語句「欧州予選」と「ヨーロッパ予選」を「OR」でつないで入力した例。「OR」の前後にはスペースも入力した。この結果、「ワールドカップ本選のためのヨーロッパ諸国の予選情報」が検索された。

07 キーワード検索

複雑な条件で検索したい

複数のキーワードを使ってより複雑な検索をかけることもできる。検索語句のスペース区切りとOR区切りを組み合わせることで、検索対象になる複数のキーワードに対して「すべての語句を含む」「いずれかの語句を含む」という組み合わせの検索が可能になり、検索範囲のフィルタリングができる。

末尾にスペース区切りで「ドイツ」を入力した。これでキーワードは「ヨーロッパ諸国の予選のうちオランダとドイツの情報をともにもつWebページの検索」という意味になる。検索結果は約97,000件に絞り込まれた。

ここで「オランダ」と「ドイツ」の間に「OR」を追加した。検索結果の2件めは「オランダ」のキーワードを含まない。検索結果は約150,000件となり、先に比べて約50,000件増えた。

08 キーワード検索

特定のキーワードを含まないページを検索したい

検索結果に含まれる無関係な内容のWebページは、「-」(半角ハイフン)に続けてそれらを表すキーワードを指定することで、検索結果から除外できる。

例は「2015年開催のラグビーのワールドカップ」を検索するために、「W杯」と「2015」のキーワードで検索した結果である。1件目に「FIFA開催の女子サッカーのワールドカップ」情報が検索されている。

「FIFA開催の女子サッカーのワールドカップ」情報を除外するために、検索キーワードに「-FIFA」を追加した。これで「FIFAのサッカー」関連の検索結果が除外された。検索結果は約500,000件減った。

09 キーワード検索

特定のフレーズが含まれるページを検索したい

複数の単語を含むフレーズで検索する場合、そのフレーズが単語ごとに分解されて検索されることがある。このようなときは、キーワードを「"」（ダブルクォーテーション）でくくって指定すればよい。これで分解されることなく、キーワードの検索が行われる。「"」でくくらない場合との違いを紹介する。

「マルコフモデルを用いたサッカー」を単純に入力し検索した場合、「マルコフモデルを用いたフットサル」も検索にヒットした。検索結果は「サッカー」の語も含むが、「マルコフモデルを用いた」と分離されている。

ダブルクォーテーションでくくって指定した場合、キーワード全体を含む検索結果が表示された。件数は約4,600件から9件にまで絞り込まれ、目的のWebページを見つけることができた。

10 キーワード検索

一部がわからない単語を検索したい

うろ覚えの事柄を検索したいとき、わからない部分はワイルドカード文字「*」（アスタリスク）に置き換えてキーワード検索すればよい。

アインシュタインの名言のうち、4ヶ所の不明な語句を「*」に置き換えてキーワードにした。検索結果より、それぞれ「想像力」、「限界」、「想像力」、「世界」であることがわかる。

「*」や前述の「-」、「OR」といった検索演算子を用いると、高度で複雑な検索条件を指定することができる。例は「宇宙なんとか研究室または研究所などのうち、独立行政法人JAXAではなく、大学か大学院のもの」を検索する。

11 検索オプション

最適な検索結果を一発で表示したい

「I'm Feeling Lucky」機能を使うと、キーワード検索の結果ページを表示することなく、検索結果の最上位、すなわち1件めのWebページを直接開くことができる。

「Google検索」画面でキーワードを入力したあと、「I'm Feeling Lucky」ボタンをクリックする。これで、検索結果の最上位のリンク先ページが直接開く。なお、順位はGoogleの検索エンジンのプログラムが決定したものである。

12 検索オプション

特定のサイトだけを対象に検索したい

サイトのURLやドメイン名がわかっていれば、「Site:」演算子を使ってドメイン名を指定し、特定のサイトだけを検索することができる。

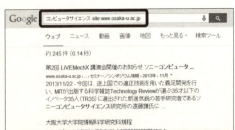

「コンピュータサイエンス site:www.osaka-u.ac.jp」の検索式で、「大阪大学のWebサーバーだけ」を対象に検索を行った。このため、検索結果のURLはすべて「www.osaka-u.ac.jp」となっている。

13 検索オプション

PDFやExcelのファイルに絞って検索したい

キーワード検索を行うときに、「FileType:」演算子で検索対象のファイル形式を指定しよう。PDFファイルなら「pdf」、Excelファイルなら「xls」や「xlsx」を指定すればよい。

「コンピュータサイエンス site:www.osaka-u.ac.jp filetype:pdf」の検索式で、「大阪大学のWebサーバーにあるPDFファイル」を対象に検索を行った。検索結果はすべてPDFファイルだ。

14 検索オプション

検索結果からアダルト関係の情報を排除したい

「Google検索」の「セーフサーチ」の機能をオンにしよう。「セーフサーチ」は検索結果からアダルトコンテンツを除外する機能だ。完全ではないが大半は除外できる。

「Google検索」画面の右上部にある「オプション」ボタンをクリック/タップし(❶)、「セーフサーチをオンにする」をクリック/タップする(❷)。これで検索結果にアダルトコンテンツは含まれなくなる。

15 検索ツール

日本語のページだけを対象に検索したい

「Google検索」画面の「検索ツール」で、対象を日本語のWebページに設定できる。検索結果がすでに表示されている場合には、検索結果が日本語のページだけに絞り込まれる。

「検索ツール」のメニューが新たに表示されたら、「すべての言語」→「日本語のページを検索」をクリック/タップする(❶)。これは検索対象の設定処理であるので、リセットするまで設定は有効である。

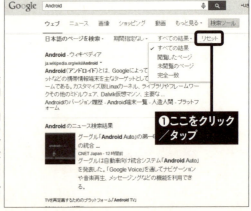

「日本語のページを検索」という設定を行ったので、検索結果からAndroid開発者向けの英語サイトが消えた。「期間指定」や「すべての結果」でも同様に対象を限定できる。設定を解除するには「リセット」をクリック/タップすればよい(❶)。

16 検索ツール

24時間以内に更新された ページを検索したい

「検索ツール」による検索対象の設定で、Webページの登録日時および更新日時を条件にしよう。これにより、比較的新しいページだけが検索されるようになる。

「検索ツール」→「期間指定なし」をクリック／タップすると（❶、❷）、期間の選択肢が表示される。「1時間以内」～「1年以内」と「期間を指定」があるが、検索結果の違いがわかるように、ここでは「24時間以内」をクリック／タップする（❸）。

検索対象を「24時間以内にGoogleに登録および更新されたページ」に限定したので、キーワード「Chrome」で検索した結果の1件めは「13時間前」に登録および更新されたページに変わった。

17 検索ツール

今年の10月に更新されたページを検索したい

「検索ツール」の「期間を指定」で任意の期間を指定することができる。たくさんある検索結果をふるいにかけ、特定のWebページを見つけるような場合に有効な手段だ。

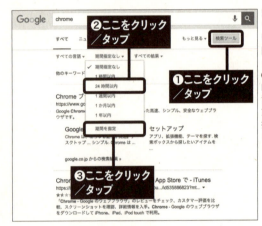

「Google検索」画面で「検索ツール」→「24時間以内」→「期間を指定」をクリック／タップする（❶、❷、❸）。なお、「24時間以内」は現在の設定であり、設定状態によっては「期間指定なし」などである場合がある。

「期間を指定」ダイアログが表示されるので、カレンダーを操作し、「開始日」と「終了日」を入力する。入力できたら「選択」ボタンをクリック／タップする（❹）。これで検索対象を指定期間に限定することができる。

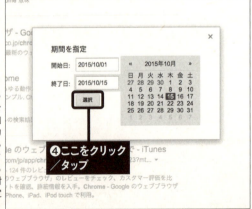

18 画像検索

キーワードに関する画像を探したい

Googleには、キーワードを使って画像を検索する機能も備わっている。インターネット上にある画像のなかから、自分好みの画像をすばやく探し出すことができる。

検索ボックスにキーワードを入力して検索を実行し、「画像」をクリック／タップすると（❶）、キーワードに対応する画像を検索できる。

19 画像検索

検索結果の画像と似た画像を探したい

画像検索機能には、画像そのものを使って、似た画像を検索する「画像で検索」という機能がある。検索結果で見つけた画像と傾向の似た画像を探す際などに役立つ。

検索結果画面で任意の画像をクリック／タップしたまま少し動かすと、検索ボックスに「ここに画像をドロップ」と表示される。そこへドラッグ＆ドロップすると（❶）、似た画像が検索できる。

Google検索を極める

20 画像検索

画像の種類やサイズで検索結果を絞り込みたい

　検索する画像のサイズを設定したり、イラスト風の画像のみを検索したい場合もあるだろう。そんなときは、「検索ツール」を使って検索結果を絞り込むとよい。画像のサイズは「大」「中」「アイコンサイズ」などから選択できるほか、任意のサイズに完全一致した画像のみを検索することが可能だ。また、「色」や「種類」で画像の色合いや種類を設定することもできる。

画像検索結果画面を表示したら、「検索ツール」をクリック／タップする（❶）。

検索ツールのツールバーが表示されるので、「サイズ」や「色」「種類」のメニューを設定して（❷）、画像検索結果を絞り込む。

21 画像検索

手元の画像ファイルと似た画像を検索したい

「画像で検索」機能は、パソコンに保存してある画像ファイルを使って実行することもできる。自分好みの画像と似た画像を集めたいときなどに便利だ。

まずは画像検索画面を表示し、検索ボックス右側のカメラ型アイコンをクリック/タップする(❶)。

検索ボックスに「画像で検索」ダイアログが表示されるので、「画像のアップロード」→「ファイルの選択」をクリック/タップして、画像をアップロードする(❷、❸)。なお、このダイアログに直接画像をドラッグ&ドロップすることでも「画像で検索」は実行できる。

画像検索

ネット上に貼り付けられている画像で検索したい

　Webページ上の画像に似た画像を検索したいときは、「画像で検索」機能のURL検索機能を使えばよい。画像ファイルのURLをコピー&ペーストすることで実行可能だ。

Chromeの場合、画像を右クリック/ロングタッチして(❶)、「画像URLをコピー」を選択すると(❷)、画像のURLがコピーできる。IEの場合は、画像を右クリック/ロングタッチ→「プロパティ」で画像のURLが表示される。

画像検索画面を表示して、検索ボックス右横のカメラ型アイコンをクリック/タップ。「画像のURLを貼り付け」を選択して画像のURLをペーストし(❸)、「画像で検索」をクリック/タップする(❹)。

23 画像検索

再利用が許可されている画像を探したい

画像検索機能では、ライセンスフリーの写真や再使用不可の写真などがごちゃまぜに表示される。自分のブログなどで使用可能な写真を探したい場合は、「検索ツール」の「ライセンス」項目で検索結果を絞り込むとよい。

画像検索画面で、「検索ツール」→「ライセンス」をクリック/タップ。一覧からライセンス条件を選択すると（❶）、該当する画像のみが表示される。

24 動画検索

懐かしの動画をキーワードで検索したい

ネット上の動画を探したいときは、動画検索の機能を使おう。YouTubeをはじめ、複数の動画共有サイトから一括検索することが可能だ。

キーワードを入力して検索を実行し（❶）、画面上部の「動画」をクリック/タップ（❷）。ヒットするのはYouTubeの動画が多いが、ニコニコ動画やUstreamなどの動画も検索対象になっている。見たい動画をクリックすると、各サイトにアクセスしてすぐに再生できる。

25 ニュース検索

キーワードに関するニュースを検索したい

検索対象をニュースサイトに限定したいときは、キーワード検索後にニュースに絞り込む機能を使おう。「Google検索」画面上部の「ニュース」から、検索キーワードに関連する最新記事を閲覧できる。

ここでは「重力波」をキーワード検索した。専門用語での検索なので、キーワードを解説するウィキペディアなどのサイトがヒットした。ここで画面上部の「ニュース」をクリック／タップする（❶）。

キーワードに関連する十数時間前の最新ニュースが検索された。クリック／タップすると、提供元のサイトが表示される。なお、検索結果は「Googleニュース」で検索したときと同じだ。

26 検索履歴

以前検索した履歴から再度検索したい

Google検索でヒットしたページをもう一度閲覧したいと思ったのに、なかなか見つけられないということは意外と多い。しかし、Googleにログインした状態で検索していれば、Googleアカウントに検索履歴が保存されるので、あとから見たいときも簡単だ。

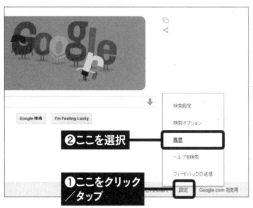

Googleにログインした状態で、トップページの右下にある「設定」→「履歴」を選択する(❶、❷)。するとパスワードの再入力を求められるので、入力して「ログイン」をクリックする。

検索履歴の一覧が表示される。使用したキーワードだけでなく、検索結果からアクセスしたページの履歴も表示されるので便利だ。左のリストからカテゴリを絞り込んだり、履歴の検索や削除を行うことも可能。

27 検索履歴

以前検索した履歴を削除してしまいたい

検索履歴機能は便利ではあるが、人に見られたくない検索結果を削除しておきたいこともあるだろう。履歴は種類や期間を選択して消去できるので、不要な履歴はあらかじめ削除しておくとよい。

前項を参考に「履歴」画面から「閲覧履歴データの削除」をクリック/タップすると、左図のようなダイアログが表示されるので、消去したい期間と種類を選択して「閲覧履歴データを消去する」をクリック/タップする（❶）。

28 検索の設定

検索結果から開くページを常に新しいタブで開きたい

Googleの検索結果をクリックすると、標準では同一のページで内容が表示される。常に新規タブで表示させたい場合は、「検索の設定」で設定変更を行えばよい。

「検索の設定」（http://www.google.co.jp/preferences）にアクセスし、「結果ウィンドウ」→「選択された各結果を新しいブラウザウィンドウで開く」にチェックを入れて（❶）、「保存」をクリック/タップする。

29 検索の設定

検索条件を詳しく指定したい

「Google検索」の「検索オプション」を使えば、検索条件を簡単に詳しく指定できる。ただし、「OR」などの検索演算子を使わなくてよい分、指定できる条件には限界がある。

「Google検索」画面をスクロールし、画面最下部の「設定」→「検索オプション」をクリック/タップする（❶、❷）。「検索オプション」画面が開いたら、入力ボックスに文字や数値を埋めるだけで、検索条件を指定できる。

完全一致用や「OR」演算子用などの入力ボックスがひとつずつある。ここに文字や数値を埋めればよいが、入力ボックスはひとつずつなので「欧州予選 OR ヨーロッパ予選 オランダ OR ドイツ」などを指定することはできない。

30 検索の設定

検索結果が自動表示されないようにしたい

キーワードの入力に反応し、検索結果を自動で表示する「Googleインスタント検索」の機能については、「Google検索」の設定画面で動作モードを指定できる。

「Google検索」画面の最下部にスクロールし、「設定」→「検索設定」をクリック/タップすると(❶、❷)、設定画面が表示される。この画面でインスタント検索や検索結果表示件数などの設定を変更できる。

❶ここをクリック/タップ
❷ここをクリック/タップ

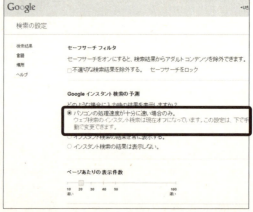

「Googleインスタント検索の予測」で動作モードを設定する。完全に無効化することもできるが、便利な機能であるので「パソコンの処理速度が…」を選択し、パソコン操作を妨げない程度に有効化しておくのがよい。

31 さまざまな検索

特定の場所の飲食店を探したい

　旅先のお店を知りたいなら、地域の名称や飲食店の種類などをキーワードに検索しよう。結果には店舗情報のリンクが、画面右には「Googleマップ」上に店舗の場所が表示される。

「カフェ」と「京都」でキーワード検索した。「他のキーワード」にあるように、「おしゃれカフェ」などを指定してもよい。店舗情報は「食べログ」や「ぐるなび」などが提供する情報だ。画面右には地図情報が表示されている。

32 さまざまな検索

特定の場所の地図を検索したい

　「Google検索」画面で住所や施設名を入力すると、その場所の地図を「Googleマップ」で検索できる。状況によってはGoogleマップにアクセスしてから検索するよりも早いのでオススメだ。

住所や施設名を入力して検索し、画面上部の「地図」をクリック／タップすると、その場所をGoogleマップで表示できる。または、検索結果の右上に表示される小さな地図をクリック／タップしてもよい。

Google検索を極める

33 さまざまな検索

外国語の単語の意味を調べたい

英語の意味を知りたいとき、調べたい単語を検索ボックスに入力し、スペースにつづけて「意味」と入力し検索すればよい。英和辞書サイトや翻訳サイトの検索結果から意味がわかる。

「emotional intelligence quotient」の意味を調べてみよう。複数の単語からなる用語なので、完全一致で検索されるようにダブルクォーテーションで括る。スペースと「意味」を付けて検索すると、検索結果に和訳が表示される。

34 さまざまな検索

Googleで簡単な計算を実行する

検索ボックスに数式を入力して検索すると、電卓とともに計算結果が表示される。実はアドレスバーで計算することも可能で、検索ボックスを使うより速い。

検索ボックスに「365*24」を入力してみよう。検索を実行すると、確かに電卓と計算式の答えが表示される。「*」は掛け算、「/」は割り算ができる。電卓はマウスで操作できるので、さらに計算を続けることも可能だ。

35 さまざまな検索

特定の地域の天気を知りたい

特定の地域の天気を調べたいなら、まずは「天気」と入力しよう。次に調べたい地域の名称を入力し検索を実行すればよい。ただし、地域名の入力の前にはスペースを忘れずに。

浜松の天気を調べてみる。「Google検索」の検索ボックスに「天気 浜松市」と入力する。ここで注意すべき点が1点。地域名はユニークになるように入力する必要がある。場合によっては都道府県も入力すること。

「Google検索」では海外の天気も調べることができる。「天気 リオデジャネイロ」で検索すると、ブラジルのリオデジャネイロの現在の天気や気温、湿度、風速などの情報が表示される。

単位や通貨を変換したい

単位や通貨を変換する場合、変換したい元の値と単位、変換後の単位を話し言葉のように入力し検索してみよう。「〜を〜に」とか、「〜を〜で」といったように入力すると変換結果が表示される。

3.5マイルをkmの単位に変換したい場合、「3.5マイルをkmに」または「3.5マイルをkmで」と入力する。これで検索を実行すると、変換後の値と単位が画面に表示される。

通貨の場合も単位の変換と同様に、「〜を〜に」または「〜を〜で」の形式で「Google検索」に問い合わせよう。具体的には、「2000ユーロを円で」と入力し検索を実行すればよい。

37 さまざまな検索

企業名から今の株価を調べたい

「株価」、スペース、企業名をキーワードにしてGoogleで検索すると、ある時刻でのその会社の株価が推移グラフとともに表示される。

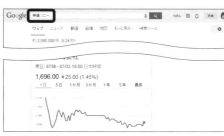

例は「株価 ソニー」で検索した結果だ。株価の時刻は7/3の15:00なので、7/3の終値が表示されているということになる。前日の終値に対して1.45%の下落であることがわかる。

38 さまざまな検索

電車の乗り換え情報を検索したい

「Google乗換案内」で乗換ルートを検索できる。もっとすばやく検索したい場合には、「Google検索」で「(駅名)から(駅名)」をキーワードにして検索しよう。

「東京からさいたま新都心」を検索ボックスに入力し検索を実行する。すると、現時点での乗換ルートや運賃が検索結果として表示される。今の乗換を知りたい場合には、この検索方法がもっとも簡単ですばやい。

39 さまざまな検索

宅配便の配送状況を知りたい

　宅配業者がヤマト運輸の場合、「ヤマト　11桁の伝票番号」で検索してみよう。検索の結果、荷物の追跡サイトへのリンクが表示される。

検索ボックスに「ヤマト」と入力し、スペースに続けて伝票番号の11桁の数字を入力する。これで検索すると、追跡サイトへのリンクが検索結果として表示される。

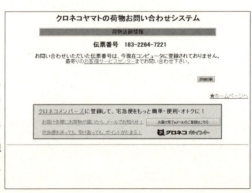

追跡サイトへのリンクをクリックすると、クロネコヤマトのお問い合わせシステムにつながる。このサイトで荷物が現在どこの配送センターにあるかを確認することができる。

40 さまざまな検索

Webページ上のキーワードを簡単に調べたい

　ネット上の記事を閲覧しているときに、意味を調べたい語句が現れたときは、語句を選択して右クリック／ロングタッチからすばやく検索すればよい。なお、標準で利用できるのはChromeやFirefoxなど一部のブラウザのみとなる。

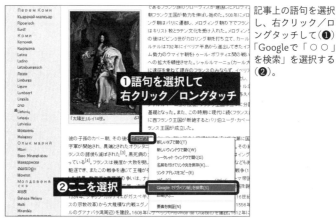

記事上の語句を選択し、右クリック／ロングタッチして(**①**)「Googleで「○○」を検索」を選択する(**②**)。

新しいタブが開き、上の手順で選択した語句でGoogle検索が実行できる。

41 さまざまな検索

海外の都市の現在時刻を調べたい

海外の時間を調べたい場合、「Google検索」で「時間 都市名」をキーワードにして検索すればよい。現地時刻や協定世界時（UTC）との時差が検索結果として表示される。

「時間 シカゴ」で検索すると、シカゴが現在朝8:45であることがわかる。時差は協定世界時とは-6時間。日本は+9時間なので、シカゴと日本の時差は15時間ということになる。

もうひとつ、ミラノの時刻を調べてみよう。「時間 ミラノ」で検索すると、ミラノは現在15:48で、UTCとの時差は1時間。したがって、日本とは時差は8時間ということになる。

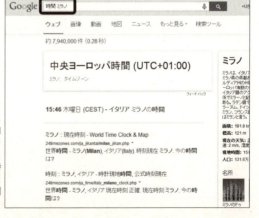

Chapter 3

Excel&Wordの時短ワザを使う

太字・斜体・下線などをすばやく設定したい

Word・Excel全般

強調したい文字列がたくさんある場合、いちいちツールバーや右クリックから操作していたのでは手間がかかりすぎる。ショートカットキーを覚えておき、キーボードまたはマウスで選択→キー操作といった操作の流れをリズミカルに繰り返そう。

❶ 文字を太字にする

`Ctrl` + `B` → **全国2位**

❷ 文字に下線を引く

`Ctrl` + `U` → 全国2位（下線）

❸ 文字を斜体にする

`Ctrl` + `I` → *全国2位*

❹ 文字に取り消し線を付ける（エクセル）

`Ctrl` + `5` → ~~全国2位~~

テンキーではないほうのキー

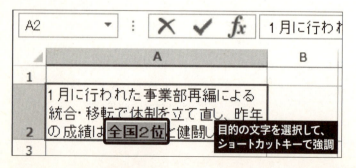

目的の文字を選択して、ショートカットキーで強調

02 Word・Excel全般

文字の色やサイズなどを簡単に設定したい

　WordやExcelで文字サイズや文字色などを細かく設定したいとき、文字列を画面上部にあるボタン（リボンと呼ばれる）までいちいちマウスを動かしていると結構面倒だ。

　そんなときに試してみたいのが、文字列を選択したときに小さく表示されるバー（ミニツールバー）だ。マウスを動かす距離がぐっと短くなるはず。

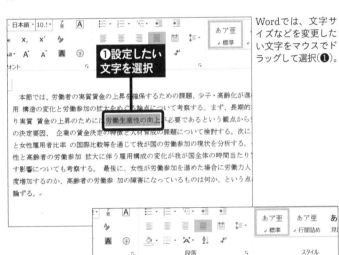

Wordでは、文字サイズなどを変更したい文字をマウスでドラッグして選択(❶)。

❶設定したい文字を選択

小さなバーが表示された。ここから文字サイズなどを変更できる。Excelでは、変更したい文字が含まれるセルを選択して、右クリック／ロングタッチすれば表示される。

Excel&Wordの時短ワザを使う

文字のサイズを自由に設定したい

文字のサイズを示す数値を直接入力することで、リストにないフォントサイズに変更できる。Excelは数種類のフォントサイズをあらかじめ用意しているが、それ以外のサイズでも数値を入力することで設定できる。

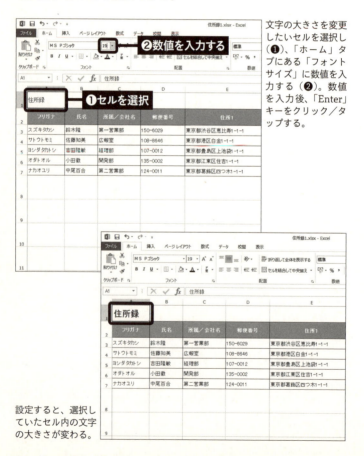

文字の大きさを変更したいセルを選択し（❶）、「ホーム」タブにある「フォントサイズ」に数値を入力する（❷）。数値を入力後、「Enter」キーをクリック/タップする。

設定すると、選択していたセル内の文字の大きさが変わる。

04 Word・Excel全般

「©」などの特殊な文字や記号を簡単に入力したい

　ビジネス文書などでは、「©」や「✂」をはじめとする特殊な文字や記号をしばしば使わなければならない。WordやExcelなど、Microsoft Office製品であれば、「挿入」タブの「記号と特殊文字」を使うとよい。フォントデータに用意されている各種記号や特殊文字の一覧が表示され、選択すると入力できる。Microsoft Office製品以外でこの機能を使いたければ、Ctrl+F10→「P」キーを押して、「IMEパッド」を表示させればよい。

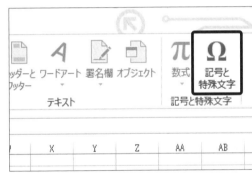

ExcelやWordなど、主なオフィスソフトには「記号と特殊文字」ダイアログを表示させるボタンが用意されている。

使いたい文字を探してダブルクリックすれば、その文字が入力される。大まかな分類は右上の「種類」で選択可能だ。

05 Word・Excel全般

複数の操作を一括で取り消したい

複数の操作をまとめて取り消したい場合には一覧から選択する。一覧には操作の履歴が新しいものから順に表示される。

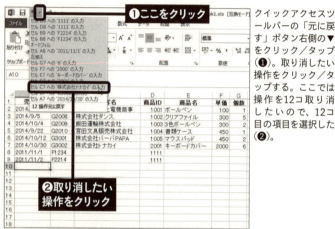

クイックアクセスツールバーの「元に戻す」ボタン右側の▼をクリック／タップ（**①**）。取り消したい操作をクリック／タップする。ここでは操作を12コ取り消したいので、12コ目の項目を選択した（**②**）。

選択した12コすべての操作が取り消され、12コ前までの状態に戻った（**③**）。

06 Word・Excel全般

アイデアや情報を わかりやすい図で伝えたい

アイデアなどをWordやExcelで図にするには、「四角」や「矢印」などの「図形」パーツを使って作図するのが一般的な手法だが、作成にはかなりの時間を要する。

WordやExcelなどには、「SmartArt」という図の作成機能がある。箇条書きで要素を入力するだけで、自動的に配置され、適切な図を作成できる。また、図形パーツと同じように、フチや角をドラッグしてサイズや比率の変更も可能だ。

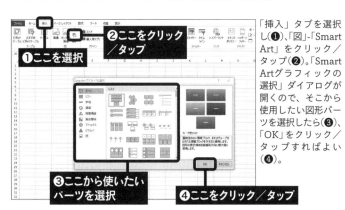

「挿入」タブを選択し(❶)、「図」-「SmartArt」をクリック／タップ(❷)。「SmartArtグラフィックの選択」ダイアログが開くので、そこから使用したい図形パーツを選択したら(❸)、「OK」をクリック／タップすればよい(❹)。

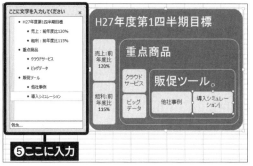

ワークシート上に選択した図形パーツと項目の入力欄が自動的に作成される。項目入力欄に必要な要素を入力すればよい(❺)。図の項目の形や大きさはドラッグして変更できる。

07 Excel／セルの選択

不連続な複数のセルをまとめて選択したい

セルは複数まとめて選択することができる。不連続な複数のセルを選択したいときは、Ctrlキーを使ってセルを選択していけばよい。

Ctrlキーを押しながら目的のセルをひとつずつクリック／タップすると（❶）、不連続なセルでも複数まとめて選択することができる。

❶Ctrlキーを押しながら複数のセルをクリック／タップ

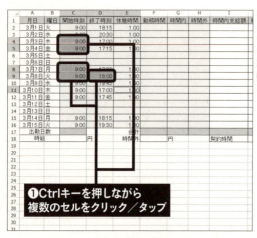

複数のセルの選択を解除するには、Ctrlキーを離して未選択のセルをクリック／タップすればよい（❶）。

❶Ctrlキーを離して未選択のセルをクリック／タップ

08 Excel／セルの選択

連続した複数のセルを選択したい

ワークシート上の連続したセルであれば、マウスの操作だけでまとめて複数選択が可能だ。セルをひとつずつ選択するより圧倒的に効率的なので使いこなせるようになろう。

選択範囲の始点となるセルをクリックする（❶）。

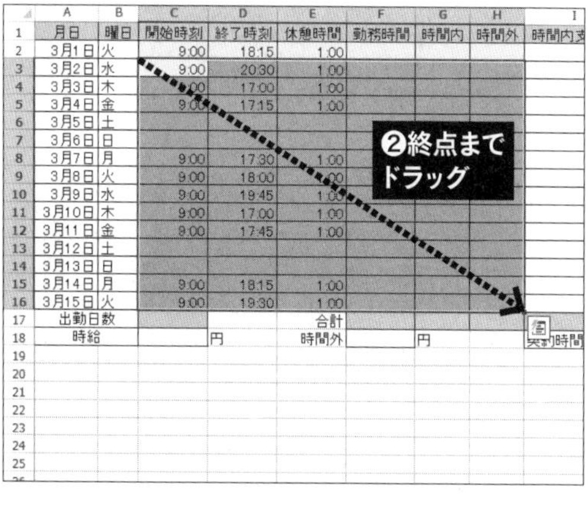

❶始点を選択

❷終点までドラッグ

ドラッグすると複数のセルが選択できるので、選択範囲の終点となるセルまでドラッグする（❷）。

09 Excel／セルの選択

もっと大きな範囲を簡単に選択したい

　大きな範囲の選択はマウス操作でも行えるが、効率的な方法を覚えておくと便利。表をすべて選択したいときは、ショートカットキーを使えば一発だ。ワークシートをまるごと選択したいときは、画面左上のボタンをクリック／タップすればよい。

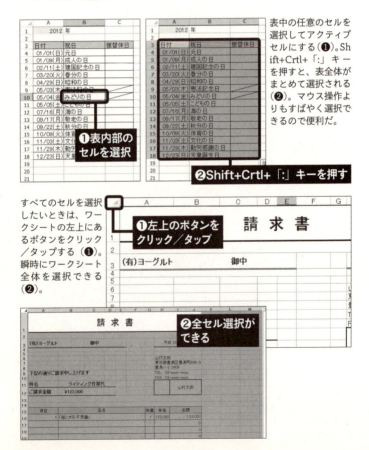

表中の任意のセルを選択してアクティブセルにする（❶）。Shift+Crtl+「:」キーを押すと、表全体がまとめて選択される（❷）。マウス操作よりもすばやく選択できるので便利だ。

❶表内部のセルを選択

❷Shift+Crtl+「:」キーを押す

すべてのセルを選択したいときは、ワークシートの左上にあるボタンをクリック／タップする（❶）。瞬時にワークシート全体を選択できる（❷）。

❶左上のボタンをクリック／タップ

❷全セル選択ができる

10 Excel／セルの選択

行または列全体を選択したい

ワークシートの行（横並びのセル）をまるごと選択する場合は、マウスでの選択よりも行番号をクリック／タップして一括選択したほうが効率がよい。ワークシートの列（縦並びのセル）を一括選択する場合もワークシート上のアルファベット（列番号）をクリック／タップするだけで可能だ。

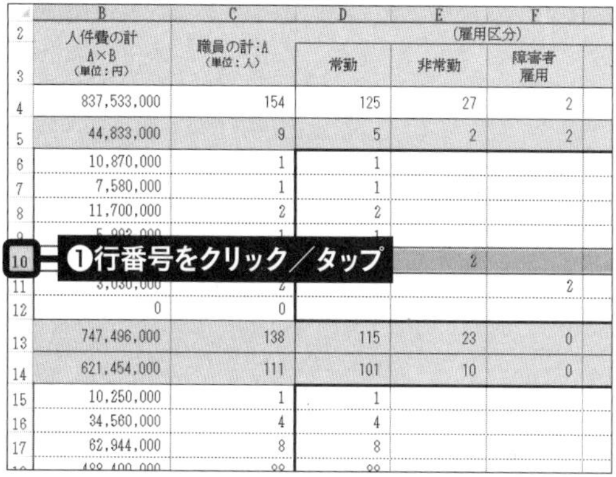

ワークシートの行の番号をクリック／タップすると（❶）、その行をまるごと選択できる。

❶行番号をクリック／タップ

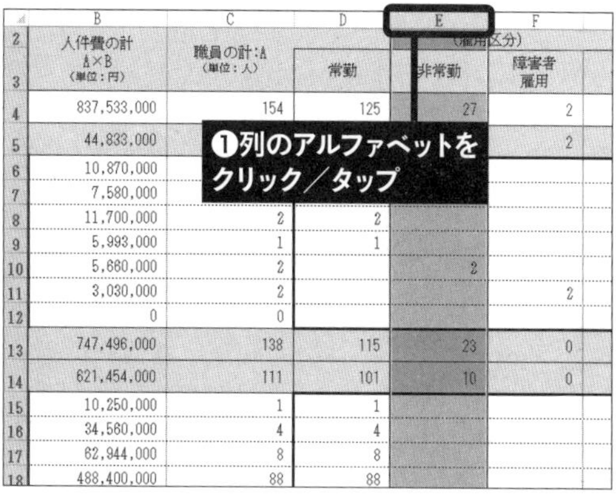

ワークシートの列の番号をクリック／タップすると（❶）、その列をまるごと選択できる。

❶列のアルファベットをクリック／タップ

11 Excel／セルの選択

連続した行または列をまとめて選択したい

連続したセルを複数選択する方法は97ページに説明したとおり。この方法を使って連続した複数行、もしくは連続した複数列の一括選択をすることも可能だ。どちらもまったく同じ方法で、始点となる行または列をクリック／タップし、終点までドラッグすることで一括選択できる。

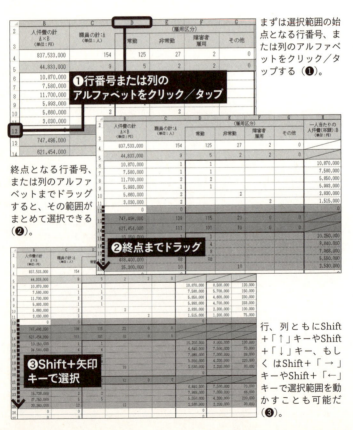

まずは選択範囲の始点となる行番号、または列のアルファベットをクリック／タップする（**①**）。

①行番号または列のアルファベットをクリック／タップ

終点となる行番号、または列のアルファベットまでドラッグすると、その範囲がまとめて選択できる（**②**）。

②終点までドラッグ

③Shift＋矢印キーで選択

行、列ともにShift＋「↑」キーやShift＋「↓」キー、もしくはShift＋「→」キーやShift＋「←」キーで選択範囲を動かすことも可能だ（**③**）。

12 Excel／セルの選択

不連続な行または列をまとめて選択したい

不連続なセルの選択と同じく、不連続な複数行、または不連続な複数列の一括選択も簡単に実行できる。複数行、複数列のどちらも、Ctrlキーを押しながら選択していくだけでよい。

不連続な複数の行を選択するときは、まず始点となる行番号をクリック／タップする（**❶**）。

Ctrlキーを押しながら他の行番号をクリック／タップすると、不連続な行でも連続して選択していくことが可能だ（**❷**）。

不連続な複数の列を選択するときは、まず選択したい列のアルファベット番号（列番号）をクリック／タップする（**❶**）。Ctrlキーを押しながら他のアルファベット番号（列番号）もクリック／タップしていく（**❷**）。

Excel&Wordの時短ワザを使う

13 Excel／入力の基本

入力中の場所にショートカットキーで移動したい

　エクセルの入力作業の効率化で役に立つのが、セル間をスムーズに移動するショートカットキーだ。エクセルでのデータ入力時には、画面をスクロールして入力中のセル（アクティブセル）から離れた場所のデータを確認することも多いだろう。そのようなとき、アクティブセルに戻るために再度画面をスクロールするのは非効率だ。Ctrl＋Back Spaceキーを使えば、簡単にアクティブセルに戻れる。

　セルの移動のショートカットにはこの他に、現在の行の最初のセルに移動するHomeキーやA1セルに移動するCtrl＋Homeキー、データが含まれる最後尾のセルに移動するCtrl＋Endキーなどがある。

	A	B	C	D
1	顧客NO	顧客名	フリガナ	担当部署
2	G1001	山下企画株式会社	ヤマシタキカクカブシキガイシャ	営業部
3	G1002	方円会社少将商店	ホウゲンガイシャショウショウショウテン	第2営業部
4	G1003	オレンジオフィス株式会社	オレンジオフィスカブシキガイシャ	営業一課
5	G1004	金生建設株式会社	キンセイケンセツカブシキガイシャ	営業企画部推進
6	G1005	株式会社白犬堂	カブシキガイシャシロイヌドウ	カスタムサポート
7	G1006	株式会社村岡製作所	カブシキガイシャムラオカセイサクジョ	総務部
8	G1007	田中電機株式会社	タナカデンキカブシキガイシャ	営業部広報課
9	G2001	飛鳥住宅販売株式会社	アスカジュウタクハンバイカブシキガイシャ	営業部サポート
10	G2002	株式会社本気堂本舗	カブシキガイシャホンキドウホンポ	総務部
11	G2003	ミミキャットコーポレーション	ミミキャットコーポレーション	営業本部CS部
12	G2004	株式会社メルシー	カブシキガイシャメルシー	秘書室
13	G2005	株式会社相田	カブシキガイシャアイダ	第三営業部顧客
14	G2006	マーズ企画株式会社	マーズキカクカブシキガイシャ	秘書課

スクロール↓　戻る↑　　**Ctrl** ＋ **BacK Space**

	A	B	C	D
15	G2007	株式会社水上電機商事	カブシキガイシャミナカミデンキショウジ	第2営業部
16	G2008	株式会社ダンス	カブシキガイシャダンス	顧客サポート部
17	G2009	飯田運輸株式会社	イイダウンユカブシキガイシャ	本部総務課
18	G2010	宮田文具販売株式会社	ミヤタブングハンバイカブシキガイシャ	CSセンター
19	G3001	株式会社バーバPAPA	カブシキガイシャバーバーパパ	CS部特別推進室
20	G3002	株式会社ナカイ	カブシキガイシャトナカイ	総務部総務課
21	G3003	大海産業株式会社	タイカイサンギョウカブシキガイシャ	営業部

14 Excel／入力の基本

簡単な操作で同じ作業を繰り返したい

エクセルで複数箇所のセル結合を行いたいとき、結合するセルを選択してリボンの「セルを結合」ボタンをクリック／タップする操作を繰り返してはいないだろうか。

そのようなときは、最初のセル結合を通常どおりの操作で行い、次に結合するセルを選択したらF4キーを押せばよい。また、Ctrl＋Yキーでも直前の操作を繰り返すことが可能だ。

はじめにセルを2つ選択し、リボンの「セルを結合」ボタンをクリック／タップしてセルを結合する（❶）。ここでは「項目」という文字が中央に配置された。次に結合したい「備考」の左右のセルを選択する（❷）。

F4キーまたはCtrl＋Yキーを押すと、直前の操作（セルの結合）が繰り返され、セルが結合されて「備考」という文字がその中央に配置された。

Excel&Wordの時短ワザを使う

103

15 Excel／数値の入力
12桁以上の数値をセルに正しく表示したい

11桁まではセルの幅を広げることで正確な数値が表示できるが、12桁以上はセル幅を広げても指数表示となる。したがって、12桁以上の数値を正確に表示させたい場合は書式設定を変更する必要がある。

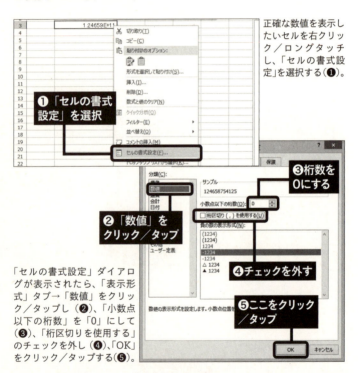

正確な数値を表示したいセルを右クリック／ロングタッチし、「セルの書式設定」を選択する(❶)。

「セルの書式設定」ダイアログが表示されたら、「表示形式」タブ→「数値」をクリック／タップし(❷)、「小数点以下の桁数」を「0」にして(❸)、「桁区切りを使用する」のチェックを外し(❹)、「OK」をクリック／タップする(❺)。

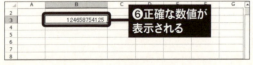

12桁以上の数値であっても、セル幅を広げることで正確な数値が表示可能となる(❻)。

16 Excel／数値の入力

少数や分数を入力したい

　小数点以下の桁数は、メニューからワンクリックで簡単に増やせる。書式設定ダイアログを表示するよりも効率がよいので、方法を覚えておこう。また、分数の入力では、そのまま「1/4」などと入力すると日付として扱われるので、「0 1/4」のように文頭に「0」と半角スペースを入力すること。なお、データ上は小数として扱われる。

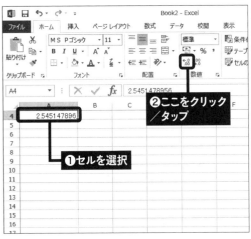

小数点以下の表示桁数を増やしたいセルを選択し（**❶**）、メニューの「小数点以下の表示桁数を増やす」ボタンををクリック／タップする（**❷**）。

分数を入力するときは、「0」と半角スペースを入力してから分数を入力する（**❶**）。

17 Excel／数値の入力

小数点以下9桁よりも小さな数値を正しく表示したい

標準では、セル幅を広げても小数点以下10桁以降は四捨五入されてしまう。正確な数値を表示したいときは、セルの書式設定を変更するとよい。

小数点以下を正しく表示したいセルを右クリック／ロングタッチして、「セルの書式設定」を選択する（❶）。

「表示形式」タブ→「数値」をクリック／タップして、「小数点以下の桁数」を10桁以上にする。この場合は10桁まで表示したいので「10」とした（❷）。設定したら「OK」をクリック／タップ。

四捨五入で表示されていた小数が、10桁まで正しく表示されるようになった（❸）。

18 Excel／日付の入力

日付を「○月○日」の形式で入力したい

ワークシートに日付を記載する機会は多いはず。日付にはさまざまな表示形式があるので、好みの記載方法を選択してみよう。ここでは、「○月○日」という表示方法を選択する方法を紹介する。直接「○月○日」と入力してもよいが、表示形式を選択しておけば入力作業を簡略化できる。

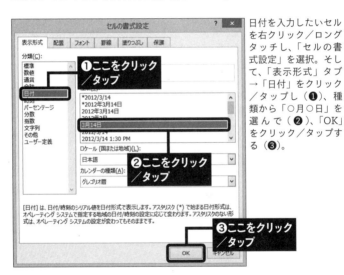

日付を入力したいセルを右クリック／ロングタッチし、「セルの書式設定」を選択。そして、「表示形式」タブ→「日付」をクリック／タップし（❶）、種類から「○月○日」を選んで（❷）、「OK」をクリック／タップする（❸）。

該当するセルに「3-15」「3/15」などの形式で日付を入力すると（❹）、選択した形式で日付が自動表示される（❺）。わざわざ「○月○日」と入力する必要はない。

19 Excel／日付の入力

入力した日付の年を確認したい

「○月○日」の形式で表示すると、年を入力しても表示されなくなる。日付の形式を変えないまま年の確認をしたい場合は、見たい日付のセルを選択するとよい。そうすれば、数式バーに正確な年月日が表示される。

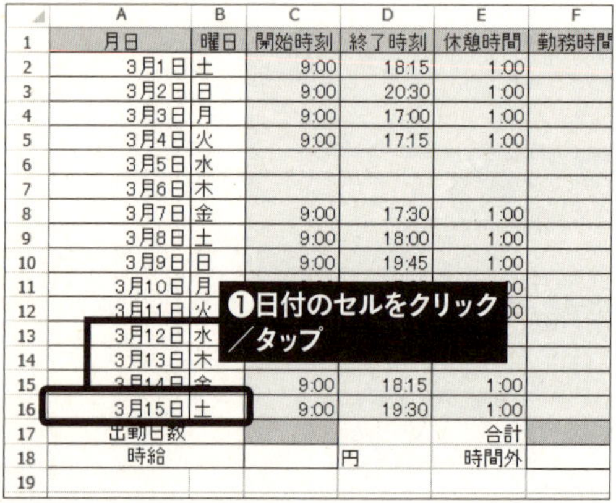

年を確認したい日付セルをクリック／タップし、アクティブセルにする（❶）。

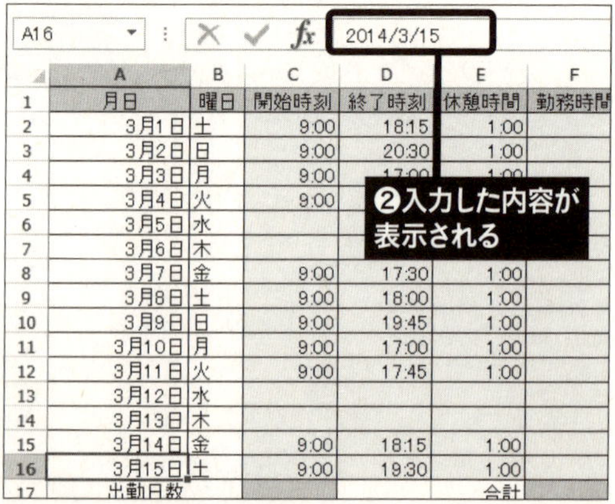

❶日付のセルをクリック／タップ

数式バーに、実際に入力したデータが表示され（❷）、年を確認することができる。

❷入力した内容が表示される

20 Excel／日付の入力

日付の年号を西暦で表示したい

日付の表示は、「○年○月○日」という形式で表示することも可能だ。年まで表示が必要な場合はこの形式で表示させるとよい。形式変更は「セルの書式設定」から簡単に変更でき、形式を設定後は「3-15」「2013/2/4」などの簡略化した入力でも自動的に「○年○月○日」での登録ができるようになる。

日付を入力したセルを右クリック／ロングタッチして「セルの書式設定」を選択。「表示形式」タブ→「日付」をクリック／タップし、「種類」から日付の形式を選択して（❶）、「OK」をクリック／タップする。なお、「*」が付いた形式を選ぶと、地域によって自動的に日付を変更する設定となる。

日付の表示が「○年○月○日」の形式に変更できた（❷）。なお、複数のセルの日付表示を一括変更したいときは、変更したいセルをまとめて選択してから「セルの書式設定」で表示形式を変更すればよい。

21 Excel／日付の入力

日付を「2016/1/1」のような形式で入力したい

日付表示は、「○/○/○」の形式に変更することもできる。これまで紹介した日付表示方法と同じく、「セルの書式設定」から簡単に切り替えることが可能だ。

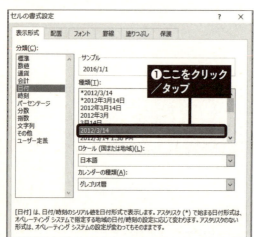

日付のセルを右クリック／ロングタッチして「セルの書式設定」を選択。「表示形式」タブ→「日付」をクリック／タップして日付表示を選択する（❶）。あとは「OK」をクリック／タップ。

日付表示がスラッシュを用いた形式に変更された（❷）。複数のセルを選択してまとめて日付表示を変更することも可能だ。

22 Excel／日付の入力

日付の西暦を下2桁のみの入力で4桁表示させたい

日付として年月日を入力する際、年に関しては下2桁を入力するだけで自動的に認識される。例えば「2014」と入力したい場合は、年の部分を「14」と入力するだけで登録可能だ。ただし、2000年代と認識されるのは「00」〜「29」までとなり、「30」〜「99」までは1900年代と認識されるので注意しよう。

セルに年月日を入力する際、年を下2桁のみ入力してみよう。ここでは年の部分を「14」と入力した（**❶**）。

❶年を下2桁だけ入力

自動的に年の部分が「2014」と入力される（**❷**）。すべて入力しなくてもよいので効率がよい。

❷年が自動入力される

23 Excel／日付の入力

日付を「平成28年1月1日」という形式の和暦で表示したい

日付には和暦も採用できる。直接和暦で入力してもよいが、表示形式を和暦に設定しておくと「2016/1/1」のような西暦の形式で入力しても自動的に和暦に変換されるので便利だ。

和暦に変更したいセルを右クリック／ロングタッチし、「セルの書式設定」を選択する（❶）。

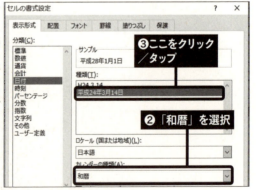

「表示形式」タブ→「日付」をクリック／タップし、「カレンダーの種類」を「和暦」に変更したら（❷）、「種類」から「平成○年○月○日」を選択して（❸）「OK」をクリック／タップする。

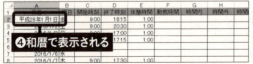

上で選択したセルが和暦表示に変更される（❹）。西暦入力でも和暦に自動変換される。

24 Excel／日付の入力

日付を「H28.1.1」という形式の和暦で表示したい

和暦表示には、「H○.○.○」という形式もある。平成が「H」、昭和が「S」、大正が「T」で明治が「M」となる。ただし、明治32年以前（1899年以前）は表示できないので注意しよう。

日付のセルを右クリック／ロングタッチして「セルの書式設定」を選択し、「表示形式」タブ→「日付」をクリック／タップ。「カレンダーの種類」を「和暦」に変更したら（❶）、「種類」で「H○.○.○」を選択して（❷）、「OK」をクリック／タップする（❸）。

選択したセルの日付が「H○.○.○」の形式で表示される。西暦入力していても和暦の形式で表示することができる。

25 Excel／日付の入力

日付の表示を
いろいろな形式に変更したい

　セルに表示される日付は、「セルの書式設定」で変更することが可能だ。設定さえ済ませておけば、あとは「1-15」などの簡略化した日付入力を行うだけで年月日などでの日付表示が可能となる。西暦や和暦の年月日表示する方法はすでに説明したが、他にもいろいろな表示形式があるので試してみよう。

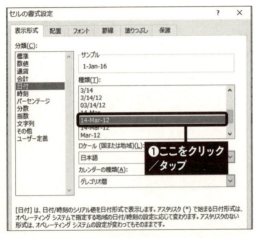

日付のセルを右クリック／ロングタッチして「セルの書式設定」を選択し、「表示形式」タブ→「日付」をクリック／タップ。あとは「種類」で表示したい形式を選ぶ（❶）。

自動的に日付の形式が変換されて表示される（❷）。いちいち入力しなおすよりもずっと効率的なので、やり方は覚えておこう。

❷日付の表示形式が変更される

26 Excel／日付の入力

現在の日付や時刻を簡単に入力したい

今日の日付に関しては、ショートカットキーを押すだけですばやく入力できる。手動で入力するよりも圧倒的に早く入力できるのでマスターしておこう。

Ctrl+「；(セミコロン)」キーを押すと、今日の日付が一発で入力できる(❶)。日付の表示形式は「セルの書式設定」の設定に準ずる。

❶Crtl+「;」キーを押す

Ctrl+「：(コロン)」キーを押すと(❶)、該当するアクティブセル上に現在の時間を入力できる。時刻の表示形式は、入力するセルを右クリック／ロングタッチし、「セルの書式設定」→「表示形式」→「時刻」で、「種類」のなかから選択して変更できる。

❶Ctrl+「:(コロン)」キーを押す

Excel&Wordの時短ワザを使う

27 Excel／連続データの入力

連続した数値を簡単に入力したい

ワークシートには、「1,2,3…」といった連続した数値を入力する機会が多い。しかし、いちいち手動で順番通りに数値を入力するのは大変な手間がかかる。そこで、「オートフィル」機能を使って連続した数値を自動入力してみよう。

ここでは、「1」と入力して「1,2,3…」といった連続した数値を自動入力してみる。まずはセルに「1」と入力して、アクティブセル右下のフィルハンドルを下にドラッグ（❶）。

❶フィルハンドルをドラッグ

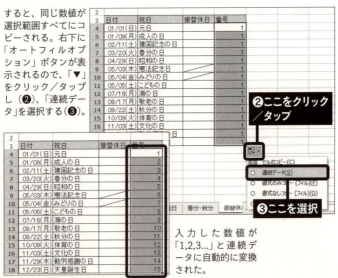

すると、同じ数値が選択範囲すべてにコピーされる。右下に「オートフィルオプション」ボタンが表示されるので、「▼」をクリック／タップし（❷）、「連続データ」を選択する（❸）。

❷ここをクリック／タップ

❸ここを選択

入力した数値が「1,2,3...」と連続データに自動的に変換された。

28 Excel／連続データの入力

連続した偶数や奇数などを簡単に入力したい

オートフィルでは、奇数や偶数など増分値が2以上の連続した数値を自動入力することも可能だ。あらかじめ既定の数値をふたつ入力しておけば、あとはフィルハンドルをドラッグするだけで連続した数値を入力できる。

数値をふたつ入力し、その数値を選択した状態でフィルハンドルをドラッグする（**①**）。ここでは「1」「3」というふたつの数値を入力した。

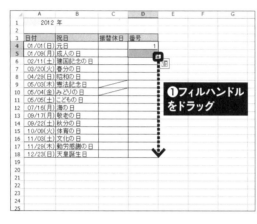

奇数が自動的に入力できた（**②**）。同様に、「2」「4」と入力してフィルハンドルでドラッグすると、偶数が連続入力できる。

29 Excel／連続データの入力

連続した数値を大量にまとめて入力したい

フィルハンドルのドラッグで連続した数値が入力できるが、項目が大量だとドラッグ操作では手間がかかる。「連続データ」設定で停止値を設定してまとめて自動入力してやればよい。

始点となるセルに数値を入力したら、「ホーム」タブのフィルボタンをクリック／タップし（❶）、「連続データの作成」をクリック／タップする（❷）。

「連続データ」ダイアログが表示されたら、「列」と「加算」を選択し（❸、❹）、「増分値」と「停止値」を入力して（❺）、「OK」をクリック／タップする（❻）。

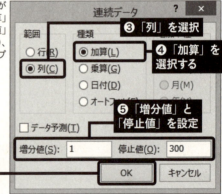

上で設定した増分値で、停止値まで連続データが入力される（❼）。入力したい連続データが大量にある場合は、この方法だと手間がかからずオススメだ。

30 Excel／連続データの入力

連続した日付を簡単に入力したい

日付も連続したデータを入力する機会が多いもののひとつ。もちろんオートフィルで連続入力が可能だ。いちいち手動入力するよりも圧倒的に効率的な入力が可能となる。

日付が入力されたセルを選択したら、フィルハンドルをドラッグする（❶）。

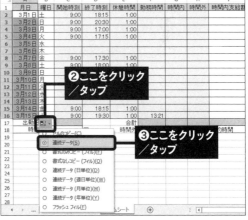

「オートフィルオプション」ボタンの「▼」をクリック／タップし（❷）、「連続データ」をクリック／タップすると（❸）、ドラッグした部分に始点となる日付からの連続データが入力される。

31 Excel／連続データの入力

連続した日付を大量にまとめて入力したい

大量の連続した日付データを、ドラッグ操作によって入力するのは手間がかかる。そんなときは「連続データの作成」機能でまとめて一括入力しよう。

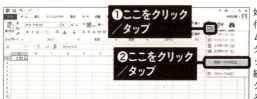

始点となるセルに日付を入力し、「ホーム」タブのフィルボタンをクリック／タップして（**❶**）、「連続データの作成」をクリック／タップする（**❷**）。

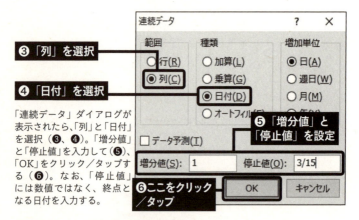

「連続データ」ダイアログが表示されたら、「列」と「日付」を選択（**❸**、**❹**）。「増分値」と「停止値」を入力して（**❺**）、「OK」をクリック／タップする（**❻**）。なお、「停止値」には数値ではなく、終点となる日付を入力する。

設定した増分値で、停止値まで連続した日付データが入力される（**❼**）。

32 Excel／連続データの入力

連続した平日の日付を簡単に入力したい

平日だけを連続して入力したいこともあるだろう。オートフィルにはオプションが複数用意されており、「週日単位」を選択すれば平日だけを連続入力できる。

日付が入力されたセルを選択したら、終点までフィルハンドルをドラッグする（❶）。

❶フィルハンドルをドラッグ

「オートフィルオプション」ボタンの「▼」をクリック／タップし（❷）、「連続データ（週日単位）」をクリック／タップする（❸）。

❷ここをクリック／タップ

❸ここをクリック／タップ

❹平日のみ連続入力される

土日を飛ばし、平日のみの連続日付データが入力できる（❹）。

33 Excel／連続データの入力

毎月の同じ日を連続したセルに入力したい

オートフィルオプションを使用すれば、毎月ごとに同じ日のみを連続入力することもできる。「月単位」というオプションを選択するだけなので使い方も簡単だ。

日付が入力されたセルを選択し、終点までフィルハンドルをドラッグする（**①**）。

❶フィルハンドルをドラッグ

「オートフィルオプション」ボタンの「▼」をクリック／タップし、「連続データ（月単位）」をクリック／タップする（**②**）。

❷ここをクリック／タップ

	A	B	C	D	E	F	G
1	日付	曜日	開始時刻	終了時刻	休憩時間	勤務時間	時間内
2	2014年3月3日	月	9:00	18:15	1:00		
3	2014年4月3日	木	9:00	20:30	1:00		
4	2014年5月3日	土	9:00	17:00	1:00		
5	2014年6月3日	火			1:00		
6	2014年7月3日	木					
7	2014年8月3日	日					
8	2014年9月3日	水			1:00		
9	2014年10月3日	金	9:00	18:00	1:00		
10	2014年11月3日	月	9:00	19:45	1:00		
11	2014年12月3日	水	9:00	17:00	1:00		
12	2015年1月3日	土	9:00	17:45	1:00		
13	2015年2月3日	火					
14	2015年3月3日	火					
15	2015年4月3日	金	9:00	18:15	1:00		
16	2015年5月3日	日	9:00	19:30	1:00	13:21	
17	出動日数				合計		
18	時給			円		時間外	

❸連続データが入力される

毎月同じ日の連続データが入力される（**③**）。西暦を表示させるとわかるが、きちんと年をまたいで表示されている。

34 Excel／連続データの入力

毎年の同じ日を連続したセルに入力したい

オートフィルオプションには「年単位」という項目もあり、毎年の同じ日を連続入力することもできる。なお、このオプションを使用する場合は、年まで表示されるようにセルの書式設定を変更したほうがよいだろう。

日付が入力されたセルを選択し、終点に設定したいセルまでフィルハンドルをドラッグする（❶）。

「オートフィルオプション」ボタンの「▼」をクリック／タップし、「連続データ(年単位)」をクリック／タップする（❷）。

選択した範囲に、月日は同じで、年が1年ずつ進む連続データが自動入力される（❸）。

35 Excel／連続データの入力

連続した数字＋文字列を簡単に入力したい

　ただの数字や日付の連続データだけでなく、「1個、2個、3個…」「第1期、第2期、第3期…」といった数字＋文字列のデータを入力したい場合もあるだろう。オートフィルでは、そうした文字列付きの数字でも連続データとして自動入力できる。

数字＋文字列が入力されたセルを選択し、終点までフィルハンドルをドラッグする（❶）。

「オートフィルオプション」ボタンの「▼」をクリック／タップし、「連続データ」をクリック／タップする（❷）。

文字列付きの数字でも、自動的に連続データを入力することが可能だ（❸）。

36 Excel／連続データの入力

1月から12月までを連続したセルに入力したい

オートフィルでは月データだけを連続入力することも可能だ。作成したいワークシートによっては月データのみを入力したいこともあるはずなので、重宝するだろう。なお、連続入力すると「12月」の次は「1月」となり自動的にサイクルする。

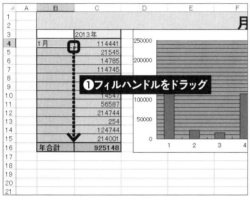

月データのみが入力されたセルを選択し、終点に設定したいセルまでフィルハンドルをドラッグする（**①**）。

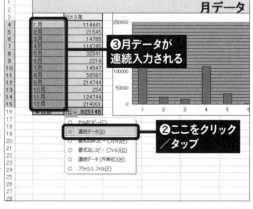

「オートフィルオプション」ボタンの「▼」をクリック／タップしたら、「連続データ」をクリック／タップする（**②**）。選択した範囲に月データが連続入力される（**③**）。

37 Excel／連続データの入力

連続した曜日を簡単に入力したい

曜日を「月」「水」などの漢字で入力すると曜日データとして認識され、連続データとして自動入力することが可能となる。「日」の次は「月」に戻り、自動的にサイクルするので長期間の入力も楽に行える。

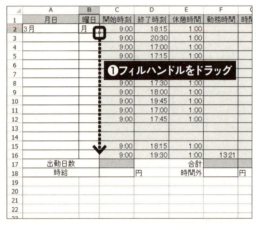

「月」などの曜日が入力されたセルを選択し、終点までフィルハンドルをドラッグする（❶）。

「オートフィルオプション」ボタンの「▼」をクリック／タップして「連続データ」を選択する（❷）。月曜から日曜まで連続入力される（❸）

38 Excel／連続データの入力

平日だけの曜日を連続したセルに入力したい

オートフィル機能によって、曜日の連続データがすばやく入力できることはすでに説明したが、土日をはぶいた平日のみの連続データを入力することも可能。オートフィルオプションで「連続データ（週日単位）」を選ぶだけなので簡単だ。

曜日データが入力されたセルを選択したら、フィルハンドルをドラッグする（**❶**）。

❶フィルハンドルをドラッグ

「オートフィルオプション」ボタンの「▼」をクリック／タップし、「連続データ（週日単位）」をクリック／タップする（**❷**）。

❷ここをクリック／タップ

❸平日のみ連続入力される

土日を除いた平日のみ連続入力することが可能だ（**❸**）。上の画面で「連続データ」を選択すると、土日ありの連続データに戻せる。

39 Excel／連続データの入力

一定のルールで連続データのリストを作成したい

数字や日付、曜日以外のデータを連続データ入力したいこともあるだろう。例えば地区や店舗名、商品名などをオートフィル入力できれば便利だ。そんなときは、事前に「ユーザー設定リスト」にリストを追加しておけばよい。リストに含まれる文字列を入力すれば、自動的にリストが認識されて、すばやく連続入力できる。

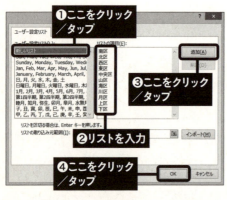

「ファイル」タブ→「オプション」→「詳細設定」をクリック／タップし、「ユーザー設定リストの編集」ボタンをクリック／タップする。「ユーザー設定リスト」ダイアログが表示されたら、「新しいリスト」をクリック／タップし（❶）、「リストの項目」にリストを入力して（❷）「追加」をクリック／タップ（❸）。ユーザー設定リストにリストが追加されたら、「OK」をクリック／タップ（❹）。

リストに含まれる文字列を入力してフィルハンドルをドラッグ。「オートフィルオプション」ボタン→「連続データ」を選択すると、登録されたリストが連続データとして入力される（❺）。表示される順番はリストと同じなので、順番を入れ替えるならユーザー設定リストを編集しよう。

40 Excel／複数セルへの入力

複数のセルに同じデータを一括で入力したい

連続データの入力だけでなく、同一データの入力サポート機能も充実している。まず基本技として連続した複数のセルに同一のデータを入力する方法を覚えよう。

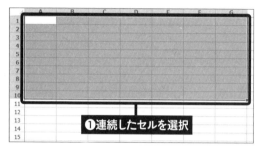

まず、ドラッグ操作などを行い、連続した複数のセルを選択する（❶）。

❶連続したセルを選択

選択したら、キーボードでデータを入力する。選択範囲の左上のセルにデータが入力されるので、そのままCtrl＋Enterキーを押す（❷）。

❷データを入力してCtrl＋Enterキーを押す

❸選択範囲全体にデータが入力された

選択したセルすべてに同じデータが入力される（❸）。

41 Excel／複数セルへの入力

連続した複数のセルに文字列をコピーしたい

すでに記入済みの文字列は、フィルハンドルをドラッグするだけですばやく連続した複数のセルにコピーできる。いちいちコピー＆ペーストするよりも圧倒的に効率的だ。

記入済みのセルを選択したら、フィルハンドルをドラッグする（❶）。

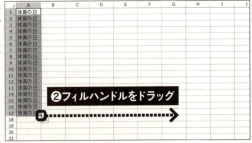

ドラッグした方向に文字列がコピーされる。次は列を増やしてみよう。右方向にフィルハンドルをドラッグする（❷）。

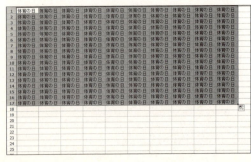

連続した複数のセルにコピーができた。このように、任意の文字列はフィルハンドルのドラッグだけですばやくコピーが可能だ。

42 Excel／複数セルへの入力

連続した複数のセルに数値をコピーしたい

数値データや、ユーザー設定リストに登録されている文字列のリストは、フィルハンドルをドラッグすると連続データとして入力されることがある。もし同じ内容をコピーしたいときは、オートフィルオプションの設定を変更しよう。

まず、データが入力されたセルを選択し、フィルハンドルをドラッグする（❶）。

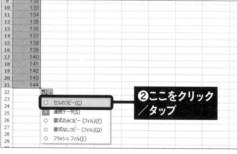

オートフィルオプションが「連続データ」になっている場合、選択範囲に連続データが自動入力されてしまうので、「オートフィルオプション」ボタンの「▼」をクリック／タップして「セルのコピー」をクリック／タップする（❷）。

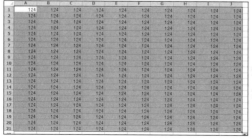

数値データやユーザー設定リストの文字列であっても、連続した複数セルに同じデータを入力することができる。

43 Excel／複数セルへの入力

書式情報なしで連続した複数のセルにコピーしたい

　データに書式情報を追加している場合、オートフィルで複数のセルにコピーすると書式情報付きで入力されてしまう。書式情報が不要なときは、オートフィルオプションで「書式なしコピー」を選択すればよい。

書式情報を追加した文字列セルを選択したら、フィルハンドルをドラッグする（❶）。

文字列が書式情報付きでコピーされてしまうので、「オートフィルオプション」ボタンの「▼」をクリック／タップして「書式なしコピー」を選択する（❷）。

元になるセル以外の書式情報がなくなり、標準の文字列データとして入力できる。

44 Excel／複数セルへの入力

選択した範囲のセルに次々とデータを入力したい

セルにデータを入力したあと、Tabキーを押すと右方向に、Enterキーを押すと下方向にアクティブセルが移動する。通常はそれぞれのキーを押すと際限なく該当する方向に移動するが、あらかじめ複数のセルを選択しておくと、選択範囲の端でアクティブセルを折り返すことができるため便利だ。

はじめにデータを入力したい範囲を選択しておく（❶）。文字列を入力すると、選択範囲の左上にデータが入力され、Tabキーを押すと選択範囲が指定されたまま右方向にアクティブセルが移動し、文字列が入力できる。なお、Enterキーを押すと下方向にアクティブセルが移動する。

❶連続した複数のセルを選択する

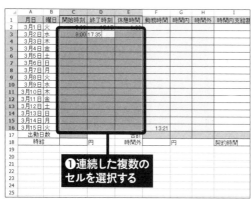

選択範囲の右端までアクティブセルが移動したときにTabキーを押すと、選択範囲内で行を折り返せる（❷）。同様に、下端まで移動したときにEnterキーを押すと列を折り返すことが可能。キーボードから手を離さずに次々と文字列が入力ができ、効率的だ。

❷アクティブセルが折り返す

45 Excel／複数セルへの入力

連続した複数のセルに書式情報だけをコピーしたい

　オートフィル機能を使えば、書式情報のみを一括コピーすることも可能だ。データそのものの内容は変えたくないが、書式だけを統一したいときに便利だ。

元となる書式情報を持つセルを選択し、統一したい範囲にフィルハンドルをドラッグする（❶）。ここでは、日付を太字にして下線を付ける書式情報を例とした。

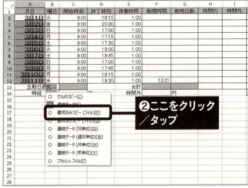

「オートフィルオプション」ボタンの「▼」をクリック／タップし、「書式のみコピー」をクリック／タップする（❷）。

元のデータはそのままで、書式情報のみコピーされ、選択範囲の書式情報が統一できる。

46 Excel／複数セルへの入力

複数のセルに入力したデータを一括で削除したい

　セルに入力したデータを複数同時に削除したいときは、「クリア」機能、もしくはDeleteキーを使用すればよい。なお、この場合書式情報は残るので、該当するセルにデータを入力すると以前の書式情報が反映される。

まずはまとめて削除したいセルをドラッグ操作などで一括選択する（❶）。

「ホーム」タブ→「クリア」ボタンをクリックし、「数式と値のクリア」をクリック／タップする（❷）。あるいはDeleteキーを押す。

選択した範囲のデータがすべて削除された（❸）。ただし、書式情報はセルに残っている。それも削除したい場合は137ページを参照。

47 Excel／セルの書式

数値や文字列に設定した書式を取り消したい

データはそのままで、書式情報だけを削除したい場合もあるだろう。その場合、「クリア」機能の「書式のクリア」を利用すればよい。文字色や罫線などの情報のみが削除され、データはそのまま残る。

まずは、書式情報のみを削除し、データは残したいセルを複数選択する（❶）。

「ホーム」タブ→「クリア」ボタンをクリック／タップし、「書式のクリア」をクリック／タップ（❷）。

書式情報のみ削除され、数式や値、文字列などのデータは残すことができる。

48 Excel／セルの書式

データの削除と同時に
セルの書式もクリアしたい

セルを複数選択してDeleteキーを押せばデータの一括削除は可能だが、書式情報は残ってしまう。書式情報ごと削除したい時は、「すべてクリア」機能を使うとよい。

まずはまとめて削除したいセルをドラッグ操作などで一括選択する（**❶**）。

❶複数のセルを選択

「ホーム」タブ→「クリア」ボタンをクリック/タップし、「すべてクリア」をクリック/タップ（**❷**）。

❷ここをクリック／タップ

❸データが削除される

上で選択した範囲のデータが削除され、書式情報も標準状態となる（**❸**）。

49 Excel／オートコンプリート

オートコンプリートを正しく機能させたい

　過去の入力履歴を参照して次の入力内容を予測し、表示してくれるオートコンプリート機能は便利だが、いくつか注意点もある。まず、途中に空白のセルがあると動作しない。また、数値データを再入力させられない。そして、1文字目が同じである文字列が複数存在していると、2文字目以降を入力しなければ動作しない。

途中に空白のセルがあるとオートコンプリートは動作せず、1文字目を入力しても候補は表示されない。

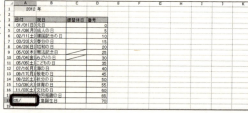

オートコンプリートで入力できるのは文字列データのみ。数値データはオートコンプリートでは入力できない。

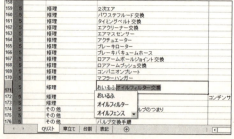

1文字目が同じ文字列が複数ある場合は、2文字目以降を入力しないと候補は表示されない。画面の例の場合、「オイル○○」という文字列が複数あるため、「オイルフィルター交換」をオートコンプリートで入力するには「おいるふ」まで入力しなければならない。

50 Excel／オートコンプリート

何度も使用する文字列の入力を省力化したい

オートコンプリートで文字列を入力する際、候補がいくつかある場合は複数文字を入力して候補を絞り込む必要あるが、リストから選択する方法もある。実際に入力したい文字列が思い出せない時などに便利だ。

オートコンプリートを利用するために、まずはセルを選択して1文字目以降を入力する（❶）。何文字か入力したほうが候補を絞り込みやすい。

Alt+「↓」キーを押すとプルダウンメニューが表示されるので、「↑」「↓」キーを押して候補を選択し、Enterキーを押して入力する文字列を確定する（❷）。

51 Excel／オートコレクト

URLからハイパーリンクを削除したい

　ハイパーリンクのセルは、クリックするだけでWebページにアクセスできるので便利だ。しかし、うっかりクリックしたり、編集するためにクリックした際、不要なのにWebページが開いて鬱陶しいこともある。ハイパーリンクだけを削除してただの文字列にすることも可能なので、必要に応じて使い分けよう。

ハイパーリンクが入力されたセルを右クリック／ロングタッチして、メニューから「ハイパーリンクの削除」を選択する（❶）。

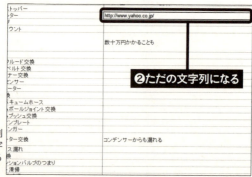

ハイパーリンクが削除され、ただの文字列として表示されるようになる（❷）。

52 Excel/オートコレクト

URLにハイパーリンクが設定されないようにしたい

URLがハイパーリンクで設定されないようにしたいなら、オートコレクトの設定を変更すればよい。そうすれば、標準でただの文字列として入力できるようになる。

Excelファイルの「ファイル」タブをクリック/タップし、「オプション」をクリック/タップすると、「Excelのオプション」ダイアログが表示されるので、「文章校正」→「オートコレクトのオプション」をクリック/タップする（**❶**）。

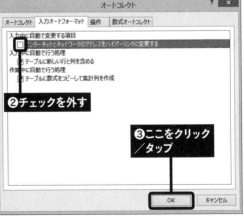

「オートコレクト」ダイアログで、「入力オートフォーマット」タブをクリック/タップし、「インターネットとネットワークのアドレスをハイパーリンクに変更する」のチェックを外し（**❷**）、「OK」をクリック/タップする。これでURLを文字列として入力できる。

53 Excel／オートコレクト

英単語の先頭が勝手に大文字になるのを防ぎたい

「Monday」「Sunday」などの曜日を入力すると、オートコレクト機能により頭文字が自動的に大文字に修正される。わずらわしく感じる場合は、オートコレクトの設定を変更して自動修正されないようにしよう。

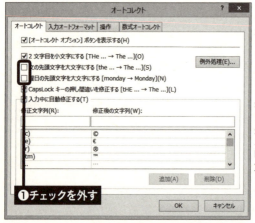

「ファイル」タブ→「オプション」→「文章校正」→「オートコレクトのオプション」→「オートコレクト」タブをクリック／タップし、「曜日の先頭文字を大文字にする」のチェックを外す。その他の先頭文字自動修正もオフにしたいときは「文の先頭文字を大文字にする」のチェックも外しておく（❶）。

「monday」と入力した文字列がそのまま表示できるようになった（❷）。

54 Excel／オートコレクト

長い文字列をできるだけ簡単に入力したい

オートコレクトを使用すれば、あらかじめ登録しておいた文字列をすばやく入力できる。何度も入力する文字列なら、入力作業の効率化も可能だ。ここでは、例として「エバポレーター」を「えば」と入力するだけで表示する手順を紹介する。

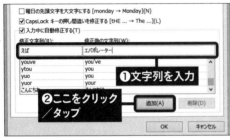

「ファイル」タブ→「オプション」→「文章校正」→「オートコレクトのオプション」→「オートコレクト」タブをクリック／タップし、「修正文字列」に「えば」、「修正後の文字列」に「エバポレーター」と入力する（❶）。そして「追加」をクリック／タップする（❷）。

リストに「えば」「エバポレーター」の文字列が追加されたら、「OK」をクリック／タップ（❸）。なお、登録した文字列は、選択して「削除」をクリックすれば削除もできる。

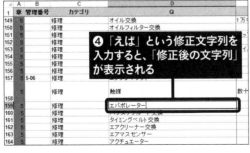

オートコレクト機能を利用するには、まずセルに❶の手順で設定した「修正文字列」を入力し、Enterキーを押す。すると、❸の手順で設定した「修正後の文字列」が表示される（❹）。少ない入力で長い文字列を表示できるので便利だ。

55 Excel／フラッシュフィル

姓名が入力されたセルから姓だけを抜き出したい

「フラッシュフィル」は、ワークシート上に入力されたデータの規則性を読み取り、残りのセルに適切なデータを自動入力する機能だ。例えば姓名が入力されたデータから、姓だけを抽出して入力する場合などに役立つ。

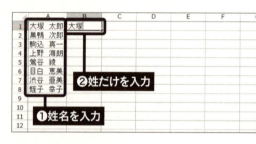

まずは姓名が書かれたデータを入力する（❶）。この際、フラッシュフィルが判別できるように姓と名はスペースで空けておく。あとは、姓名データの右横のセルに姓のみの文字列データを入力（❷）。

姓だけのセルを選択した状態で、「データ」タブ→「フラッシュフィル」をクリック／タップする（❸）。

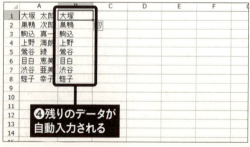

残りのセルに、姓だけを抜き出したデータが自動入力される（❹）。

56 Excel／フラッシュフィル

別々のセルに入力された姓と名をひとつにまとめたい

フラッシュフィルを使えば、複数のセルを統合した自動入力も可能だ。規則性さえ認識できれば、さまざまなパターンで自動入力できるのだ。ここでは例として「姓」が書かれたデータと「名」が書かれたデータを統合する方法を紹介する。

まず、「姓」のデータを「名」のデータを別々のセルに入力（❶）。そして、右横のセルに「姓名」を合わせたデータを入力する（❷）。

「姓名」データを選択し、「データ」タブ→「フラッシュフィル」をクリック／タップする（❸）。

フラッシュフィルが規則性を読み取り、残りのセルに該当するデータが自動入力される（❹）。

57 Excel／コピー・貼り付け

離れたセル範囲をまとめてコピーしたい

複数のセル範囲をまとめてコピーしたいときは、Ctrlキーを押しながらセルやセル範囲を選択する。通常のコピー操作と同様、コピー元が点滅した破線で囲まれている間は何度でも貼り付けが可能だ。

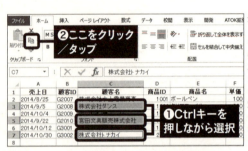

最初のセル範囲をクリック／タップまたはドラッグして選択したら、Ctrlキーを押しながら次の範囲を選択する（❶）。同様にCtrlキーを押しながらすべての範囲を選択したら「ホーム」タブ→「コピー」ボタンをクリック／タップする（❷）。

コピー先のセルをクリック／タップしたら（❸）、「貼り付け」ボタンをクリック／タップする（❹）。

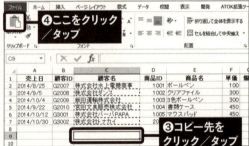

選択したすべてのセル範囲が間隔を空けずにコピーされる。

58 Excel／コピー・貼り付け

データを貼り付けるときの形式を選択したい

貼り付けの形式は、「貼り付け」ボタン下部（「▼」）をクリックして表示されるもの以外にも多くの種類がある。このうち「演算」では、コピー元とコピー先のセルに入力された数値同士での計算を行うことが可能だ。

コピー元のセルをクリック／タップしたら（❶）、「ホーム」タブ→「コピー」ボタンをクリック／タップする（❷）。または、コピー元をクリック／タップしてCtrl＋「C」キーを押す。

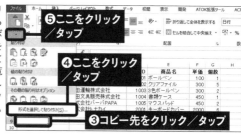

コピー先のセルをクリック／タップしたら（❸）、「貼り付け」ボタンの下部（「▼」）をクリック／タップして（❹）、表示された一覧下部の「形式を選択して貼り付け」をクリック／タップする（❺）。

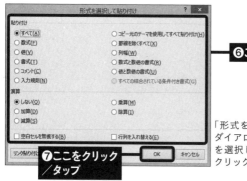

「形式を選択して貼り付け」ダイアログで貼り付けの形式を選択して（❻）、「OK」をクリック／タップする（❼）。

147

Excel&Wordの時短ワザを使う

59 Excel／コピー・貼り付け

表の行と列を逆にして貼り付けたい

表をコピーした場合には、行と列を入れ替えて貼り付けることもできる。表を作り直すことなく、簡単に体裁を変えることができる便利な機能だ。

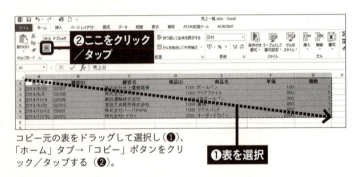

コピー元の表をドラッグして選択し（❶）、「ホーム」タブ→「コピー」ボタンをクリック／タップする（❷）。

❶表を選択
❷ここをクリック／タップ

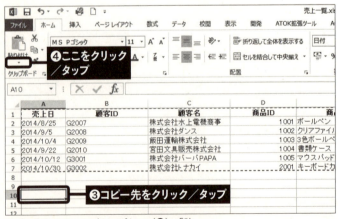

コピー先をクリック／タップして（❸）、「貼り付け」ボタン下部の「▼」をクリック／タップする（❹）。なお、コピー先としてクリック／タップするセルは、貼り付けしたい範囲のうちもっとも左上のセルを指定する。

❸コピー先をクリック／タップ
❹ここをクリック／タップ

「行列を入れ替える」をクリック/タップする（❺）。

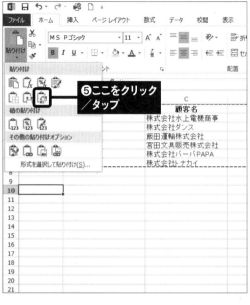

行と列が逆になった表が貼り付けられる（❻）。なお、通常通りにコピーと貼り付けを行ったあとに、コピー先のセル付近に表示される「オプション」ボタンから「行列を入れ替える」をクリック/タップしても行列を入れ替えられる。

60 Excel／コピー・貼り付け

セルの書式情報だけを
コピーして貼り付けたい

セルに設定した書式だけをコピーするときは「書式のコピー／貼り付け」ボタンを使うと便利だ。なお、複数のセルへ書式情報をコピーしたい場合は、ボタンをダブルクリック／ロングタッチする。マウスポインターが＋のついた刷毛の形の間は何度でも書式情報を貼り付けられる。Escキーを押せば終了する。

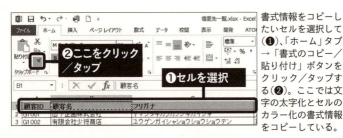

書式情報をコピーしたいセルを選択して（❶）、「ホーム」タブ→「書式のコピー／貼り付け」ボタンをクリック／タップする（❷）。ここでは文字の太字化とセルのカラー化の書式情報をコピーしている。

マウスポインターが＋のついた刷毛の形に変わるので、書式情報をコピーしたいセルをクリック／タップする（❸）。

コピーした書式情報が貼り付けられる。ここでは太字とカラーの書式情報を貼り付けている。なお、貼り付けが完了すれば、マウスポインターは元の形に戻る。

61 Excel／コピー・貼り付け

クリップボードにデータを
コピーして貼り付けたい

クリップボードを有効にした状態でセルをコピーすると、コピー内容がクリップボードに表示される。内容を確認してから貼り付けできる点もメリットだ。

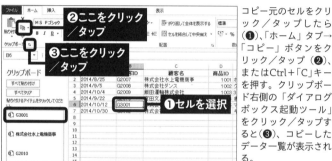

コピー元のセルをクリック／タップしたら（❶）、「ホーム」タブ→「コピー」ボタンをクリック／タップ（❷）、またはCtrl＋「C」キーを押す。クリップボード右側の「ダイアログボックス起動ツール」をクリック／タップすると（❸）、コピーしたデータ一覧が表示される。

コピー先のセルをクリック／タップしたら（❹）、クリップボードから貼り付けたいデータをクリック／タップする（❺）。

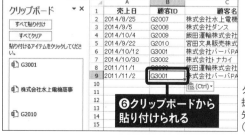

クリップボードから選択したデータがコピー先に貼り付けられる（❻）。

62 Excel／コピー・貼り付け

クリップボードに保存したデータを削除したい

クリップボードに保存した内容が不要になった場合は、各項目にマウスポインタを合わせたときに表示されるボタンから削除が可能だ。不要な項目をこまめに削除すれば、作業がスムーズになる。

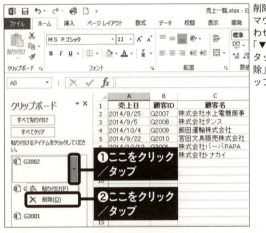

削除するデータ上にマウスポインタを合わせると表示される「▼」をクリック／タップして(❶)、「削除」をクリック／タップする(❷)。

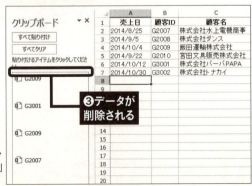

選択したデータがクリップボードから削除される(❸)。

152

63 Excel／コピー・貼り付け

切り取った行や列を別の場所に挿入したい

切り取った行や列は、別の行や列の途中に挿入することも可能だ。現在その位置にある行や列は下または右に移動し、既存のデータを消すことなく挿入できる。

切り取りを行う行番号や列番号をクリック／タップし（**①**）、「ホーム」タブ→「切り取り」をクリック／タップ（**②**）。

挿入先の行番号または列番号を右クリック／ロングタッチしてリストから「切り取ったセルの挿入」をクリック／タップ（**③**）。

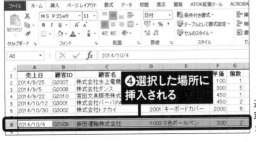

選択した場所に切り取った行や列が挿入される（**④**）。

64 Excel／表示設定

特定の行や列を非表示にしたい

行の非表示は、行を一時的に表示させない状態にして、表を見やすくする場合に便利な機能だ。必要に応じて再表示できる点が削除とは異なる。

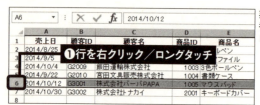

非表示にする行の行番号を右クリック／ロングタッチ（❶）。

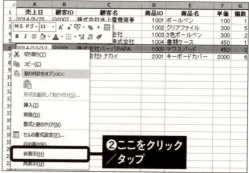

右クリックメニューから「非表示」をクリック／タップ（❷）。

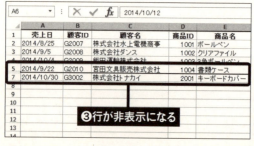

選択した行が非表示になり、行番号の境界線が太線で表示される（❸）。列も同様の操作で非表示にできる。

65 Excel／表示設定

表のタイトル行が常に表示されるようにしたい

見出しが見えないと、数字などのデータが何を表すのかわかりにくいため、いちいち見出しのある行に戻って確認するケースも出てくる。そんなときはウィンドウを上下に分割したうえで先頭行を固定すればよい。見出しが常に表示された状態でスクロールできる。

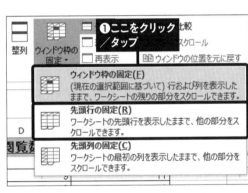

固定したい行のひとつ下の行を選択して、「表示」タブの「ウィンドウ枠の固定」をクリック／タップし、「ウィンドウ枠の固定」を選択する(❶)。なお、タイトルが表の先頭行にある場合は、「先頭行の固定」を選択してもOKだ。

	A	B	C
1	年月	タイトル	コレクション情報
50	2014/5	10+1	雑誌
51	2014/5	大日本帝国始末記	図書
52	2014/5	地震と建築	図書
53	2014/5	0と緑	図書
54	2014/5	柑橘栽培地域の研究	図書
55	2014/5	絵行脚の記	図書
56	2014/5	10+1	雑誌
57	2014/5	史的唯物論の学習	図書
58	2014/5	形而上学	図書
59	2014/5	抽象絵画における成立要素の探求：ゴーガン、マテ	博士論文
60	2014/5	撮要録	図書
61	2014/5	大東亜建設と日本基督教	図書
62	2014/5	10+1	雑誌
63	2014/5	六月の海	図書
64	2014/5	あかいくつ	図書

ウィンドウ枠を固定する機能や先頭行を固定する機能で、見出し項目を固定すれば、表を下にスクロールしてもタイトル行は常に表示される。

66 Excel／書式設定

長い文字列をセル内で折り返して全体を表示したい

　セルの列幅を超える量の文字列を入力する場合、「折り返して全体を表示する」機能でセル内に表示できるようにするとよい。その際、標準ではセルの行高は自動的に調整されるが、既存のテンプレートを使用した場合などに調整されないこともある。そんな時は手動で調整するか、「書式」メニューで自動調整に設定すればよい。

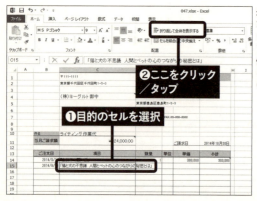

長い文字列を入力したセルを選択し（❶）、「ホーム」タブ→「折り返して全体を表示する」をクリック／タップする（❷）。

長い文字列が折り返され、セルのなかに表示されるようになった（❸）。なお、折り返しても行高が自動調整されない場合は、「ホーム」タブ→「書式」→「行の高さの自動調整」を選択すればよい。

67 Excel／書式設定

文字列を任意の位置で改行してセル内に表示したい

　長い文字列をただ折り返すのではなく、改行して入力したいこともあるだろう。しかし、Enterキーを押すと入力確定となるためそのままでは改行はできない。セル内で改行したいときは、Altキーを押しながらEnterキーを押せばよい。

セルに文字列を入力中、改行したいところでAlt+Enterキーを押すと（❶）、セル内で改行が可能だ。

文字列を入力すると、改行したまま入力できる（❷）。あとはEnterキーを押して内容を確定すればよい。

68 Excel／書式設定

「1-01」のような文字列を そのまま表示させたい

標準の状態で「-（ハイフン）」を含む数字の文字列を入力すると、日付データとして認識されてしまい、「○月○日」の表示に勝手に切り替わってしまう。そんなときは、文字列の文頭に「'（シングルクォーテーション）」を付けてから入力すると、そのまま表示できるようになる。

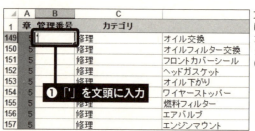

文字列を入力する前に、文頭に「'（シングルクォーテーション）」を入力する（❶）。

あとは、表示させたい「-（ハイフン）」入りの文字列を入力して、Enterキーを押して入力完了する（❷）。

標準だと日付で表示されてしまう文字列が、正確に表示される（❸）。

69 Excel／書式設定

「'」を使わずに「1-01」のような文字列を入力したい

「'」を使えば「-」を含む文字列を入力できるが、入力する項目が多い場合、毎回「'」を入力するのは手間がかかる。あらかじめ該当するセルの書式設定をまとめて変更しておけば、「'」を使うことなく文字列をそのまま表示することができる。

書式設定を変更したいセルを選択したら、右クリック／ロングタッチして「セルの書式設定」をクリック／タップする（❶）。

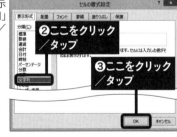

「セルの書式設定」ダイアログが表示されたら、「表示形式」タブ→「文字列」を選択し（❷）、「OK」をクリック／タップする（❸）。

セルに入力したものが数値ではなく文字列として認識されるようになるため、「-」を含む数字の文字列を入力してもそのまま表示できるようになる（❸）。

70 Excel／書式設定

金額表示で3桁ごとにカンマを挿入したい

桁数の多い金額などを入力する際、3桁ごとにカンマを挿入することで金額を読みやすくできる。カンマを挿入後、ワンクリックで元の非表示に戻せる。

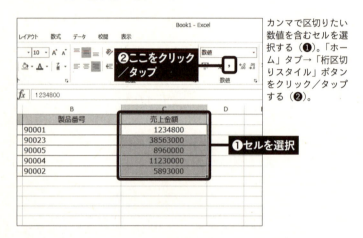

カンマで区切りたい数値を含むセルを選択する（**❶**）。「ホーム」タブ→「桁区切りスタイル」ボタンをクリック／タップする（**❷**）。

対象となるセル内の数値が、3桁ごとのカンマで区切られる。

71 Excel／書式設定

小数点以下の表示桁数を変更したい

小数点以下の桁数は変更できる。桁数を変更すると、小数点以下の最後の桁が四捨五入される。割り切れない数値を端的に示して見やすくできるだろう。

桁数を変更したい数値を含むセルを選択する（❶）。「ホーム」タブ→「小数点以下の表示桁数を減らす」ボタンをクリック／タップする（❷）。

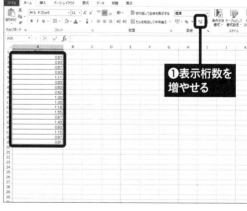

「小数点以下の表示桁数を減らす」ボタンをクリック／タップするごとに小数点以下の桁数がひとつ減る。逆に「小数点以下の表示桁数を増やす」をクリック／タップすれば、桁数を増やせる（❶）。

72 Excel／書式設定

数値をパーセンテージで表示したい

売り上げの対前年度比や原価率などを示す際、数値を小数で示すとわかりにくい。しかし、百分率（パーセント）で表示すると数値を把握しやすくなる。

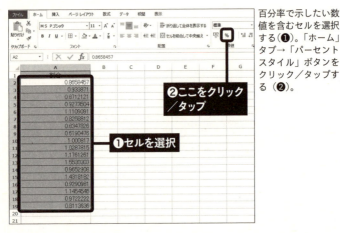

百分率で示したい数値を含むセルを選択する（❶）。「ホーム」タブ→「パーセントスタイル」ボタンをクリック／タップする（❷）。

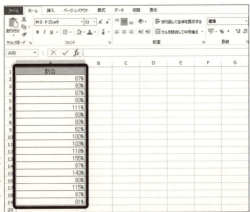

選択したセル内の数値が百分率で表示される。小数点以下が3桁以降の値は四捨五入される。

73 Excel／書式設定

マイナスの値を「▲」付きや赤字で表示したい

売り上げや家計簿などをつけるときに、マイナスの数値に対し、「▲」を付与したり赤字で表示したりできる。金額などを確認する際、マイナスの値がわかりやすくなるだろう。

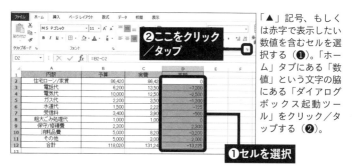

「▲」記号、もしくは赤字で表示したい数値を含むセルを選択する（❶）。「ホーム」タブにある「数値」という文字の脇にある「ダイアログボックス起動ツール」をクリック／タップする（❷）。

「セルの書式設定」ダイアログが開く。分類を「数値」にし、「負の数の表示形式」から表示させたい形式を選択する（❸）。選択後、「OK」をクリック／タップする。

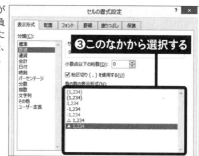

設定すると、マイナスの数値だけ先頭に「▲」記号が付与される。もしくは赤字で表示される。

74 Excel／書式設定

セルの背景にパターンを設定したい

セルの背景には「パターン」と呼ぶ模様を施せる。横縞や縦縞、斜線、格子状の模様などを割り当てられ、パターンに色を付けることも可能。目立たせたいセルに適用すると効果的だ。

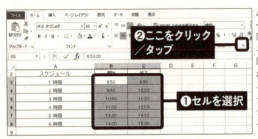

パターンを適用するセルを選択し（❶）、「ホーム」タブにある「フォント」「配置」「数値」といういずれかの文字の脇にある「ダイアログボックス起動ツール」をクリック／タップする（❷）。

「セルの書式設定」ダイアログが開く。「塗りつぶし」タブをクリック／タップし（❸）、「パターンの種類」から模様を選ぶ（❹）。「パターンの色」を選べば色を付けられる。設定後、「OK」をクリック／タップする（❺）。

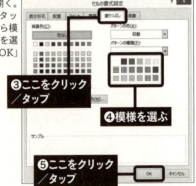

選択したセルの背景に、設定したパターンの模様が適用される。

75 Excel／書式設定

文字列の先頭に余白を入れたい

エクセルで箇条書きなどを作る際、字下げを行いたいときがある。単にスペースを入れるだけだとセルに表示されないため、いろいろなトラブルの原因になる。そんなときは「字下げ（インデント）」を利用したい。

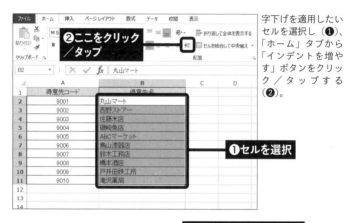

字下げを適用したいセルを選択し（❶）、「ホーム」タブから「インデントを増やす」ボタンをクリック／タップする（❷）。

「インデントを増やす」ボタンをクリック／タップすると、文字列の先頭に余白ができる。もう一度クリック／タップすると、余白がさらに広がる。「インデントを減らす」ボタンをクリック／タップすると（❶）、余白が狭くなる。インデントを増やした分だけ「インデントを減らす」ボタンをクリック／タップすれば、元の状態に戻る。

76 Excel／書式設定

セル内の文字列を縦書きまたは斜めにしたい

Excelでは、文字列は通常横書きで表示される。しかし、縦書きや斜め向きに表示することも可能だ。セルの幅が限られている場合や、項目を目立たせたい場合に役立つだろう。他に90度回転させることもできる。

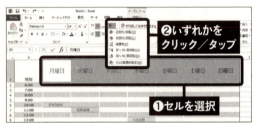

文字列の向きを変えたいセルを選択し（❶）、「ホーム」タブにある「方向」ボタンをクリック／タップして、メニューのなかから任意の項目を選択する（❷）。

「方向」ボタンのメニューから「縦書き」を選択すると、セル内の文字が縦書きに変わる。もう一度「縦書き」をクリック／タップすると元に戻る。

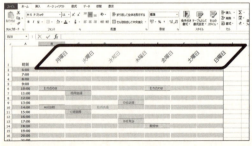

「左回りに回転」「右回りに回転」を選択すると、セル内の文字列に傾きが適用され、45度に傾く。もう一度クリック／タップすると元に戻る。

77 Excel／条件付き書式

特定の値よりも大きい／小さい数値を目立たせたい

指定した値より大きい（もしくは小さい）セルの色や文字色を変えるなど、複数のセルのなかから特定の数値に対してのみ書式を適用することができる。例えば、販売店ごとの売り上げ一覧表を作成したとき、売上が突出して高い（もしくは低い）店舗を見つけやすくなる効果が見込める。

書式を適用したいセルを選択（❶）。「ホーム」タブ→「条件付き書式」→「セルの強調表示ルール」→「指定の値より大きい」または「指定の値より小さい」を選ぶ（❷）。ここでは前者を選択した。

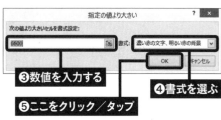

「指定の値より大きい」ダイアログが開く。どの数値より大きい値に対して書式を適用するのかを決める（❸）。次に対象となるセルにどんな書式を適用するのかを選ぶ（❹）。設定後、「OK」をクリック／タップする（❺）。

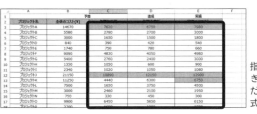

指定した数値より大きな数値を含むセルだけに、設定した書式が適用される。

78 Excel／条件付き書式

同じ値を含むセルに書式を適用して重複を見つけたい

値の入った複数のセルのなかから重複する値を含むセルに対して、書式を適用することが可能だ。膨大な値のなかから重複があるかどうかを調べる際に役立つ。

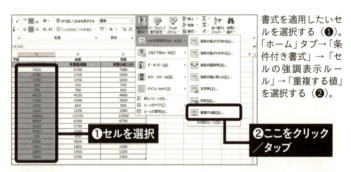

書式を適用したいセルを選択する（❶）。「ホーム」タブ→「条件付き書式」→「セルの強調表示ルール」→「重複する値」を選択する（❷）。

❶セルを選択
❷ここをクリック／タップ

「重複する値」ダイアログが開くので、「重複」を選択し（❸）、どんな書式を適用するのかを選ぶ（❹）。設定後、「OK」をクリック／タップする（❺）。

❸「重複」を選択
❺ここをクリック／タップ
❹書式を選ぶ

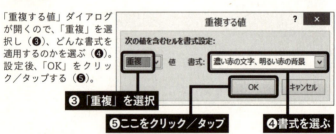

数値が重複しているセルだけに設定した書式が適用される。

79 Excel／条件付き書式

条件に一致する値のセルにアイコンを表示したい

数値の大きさに応じたアイコンをセル内に表示できる。例えば、大きな値に対して上向きの矢印、小さい値に対して赤いマークなどを表示できる。そのようにアイコンを使うと、数値の大小を把握しやすくすることができる。

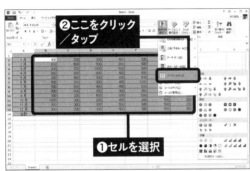

アイコンを表示させたいセルを選択する（❶）。「ホーム」タブ→「条件付き書式」→「アイコンセット」を選ぶ（❷）。

アイコンセットを選ぶと、どんなアイコンかを示すサンプルが表示される。表示させたいアイコンの種類をクリック／タップする（❸）。

数値の大きさに応じてセル内にアイコンが配置される。ここでは、大きい値には緑色の上向き矢印、小さい値には赤色の下向き矢印が表示されている。

80 Excel／印刷

印刷時の改ページ位置を変更したい

　改ページプレビュー画面では、複数用紙にわたる印刷のイメージを確認しながら、改ページ位置をそれぞれのページの任意の位置に変更することができる。

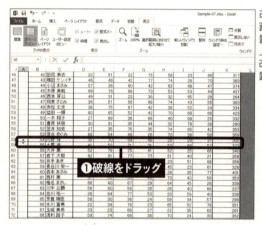

改ページプレビュー画面で、改ページ位置を示す青い破線を上下にドラッグして改ページをしたい位置に移動する（❶）。

改ページ位置を画面上で確認しながら、新しく改ページを行いたい位置までドラッグして変更できる（❷）。

81 Excel／印刷

任意の位置に改ページを挿入したい

改ページ位置の変更は、データの印刷位置を調整するためだけに行うのではない。グラフなどの図が中途半端な位置に入ったときなどに改ページの追加が必要なことがある。ページレイアウトビューから任意の位置に追加することが可能だ。

「表示」タブをクリック／タップし(❶)、「ページレイアウト」ボタンをクリック／タップする(❷)。

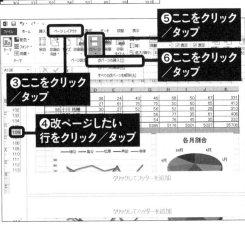

「ページレイアウト」タブをクリック／タップし(❸)、改ページを追加する行をクリック／タップして指定する(❹)。「改ページ」ボタンをクリック／タップして(❺)、ドロップダウンリストから「改ページの挿入」をクリック／タップする(❻)。

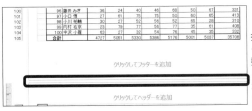

指定した位置に改ページが追加され、複数ページに分断してしまっていたグラフが同じページにおさまるようになった。

82 Excel／印刷

表の幅が1枚の用紙に収まるように印刷したい

　Excelの印刷で困るのが、印刷すると紙からはみ出してしまう表だ。その場合、「ページ設定」を調節して印刷のときだけ、表を縮小してしまおう。セル幅を調節することなく、うまく印刷できる。「ページレイアウト」タブから「ページ設定」ダイアログを開いて「次のページ数に合わせて印刷」で「横」「縦」とも1に設定すればよい。

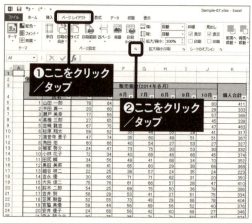

「ページレイアウト」タブを選択し（❶）、「ページ設定」の右にある「ダイアログボックス起動ツール」をクリック／タップして（❷）、「ページ設定」ダイアログを開く。

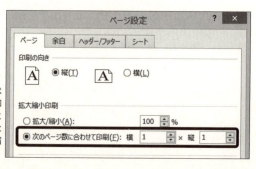

「ページ設定」ダイアログで、「次のページ数に合わせて印刷」を横1×縦1に設定すれば、大きな表示も1ページに縮小して印刷される。

83 Excel／印刷

表のタイトル行／列をすべてのページに印刷したい

　表が複数ページにわたって印刷される場合には、タイトルとなっている行／列を2ページ以降にも印刷することで、すべてのページの表にタイトルが印刷されるようになり、それぞれの列が何のデータかをわかりやすくなる。

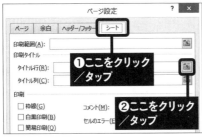

表を作成したExcelファイルを開いたら、「ページレイアウト」タブから「ページ設定」の右にある「ダイアログボックス起動ツール」をクリック／タップ。「ページ設定」ダイアログを開いて、「シート」タブ（❶）→「タイトル行」の範囲指定ボタンをクリック／タップ（❷）。

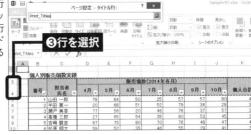

印刷するタイトル行をクリック／タップ。タイトルが2行以上ある場合にはドラッグして選択する（❸）。

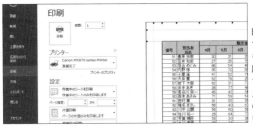

印刷プレビュー画面で、2ページ以降にもタイトルの行が印刷されることが確認できる。表のタイトルが列の場合も同様の操作を行えばよい。

84 Excel／印刷

ワークシート全体を白黒で印刷する

シート内の表やグラフのすべてのデータを白黒印刷することができる。モノクロプリンター使用時や、カラー印刷を使わずに配布資料の印刷コストや印刷時間を低減するのに役立つ。

この例では、3行と4行、B列とC列のセルに色がついている。「ページレイアウト」タブ（❶）→「ページ設定」の右にある「ダイアログボックス起動ツール」をクリック／タップ（❷）。

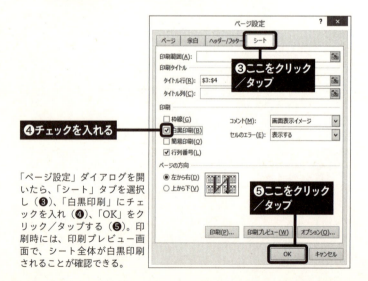

「ページ設定」ダイアログを開いたら、「シート」タブを選択し（❸）、「白黒印刷」にチェックを入れ（❹）、「OK」をクリック／タップする（❺）。印刷時には、印刷プレビュー画面で、シート全体が白黒印刷されることが確認できる。

85 Excel／印刷

選択したセル範囲だけを印刷する

表の一部だけを大きく印刷したい場合など、シートの一部を印刷したいこともあるだろう。そういうときはセル範囲を選択してその部分だけを印刷するとよい。

印刷したいセル範囲をドラッグして、印刷する範囲を指定する（**❶**）。

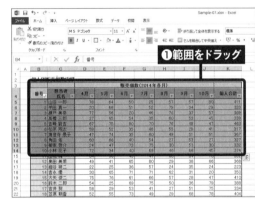

「ページレイアウト」タブ（**❷**）→「印刷範囲」（**❸**）→「印刷範囲の設定」をクリック／タップすると（**❹**）、ドラッグした範囲が印刷範囲に設定される。印刷時には、印刷プレビュー画面で、選択したセル範囲が印刷されることが確認できる。

全体の構成を考えながら効率よく文章を書きたい

報告書や論文、プレゼン資料などでは、いかに順序立てて説明するかで文書の説得力が決まってくる。ところが作りはじめてみると、訴えたいポイントは頭の中にあるのだが、ばらばらでまとめにくい。

このようなときは、Wordの「アウトライン」機能を使ってみよう。記述のポイントや説明順を整理できる。要するに、まずは思いつくままに記述したいポイントを列挙して、そのあとに関連した項目ごとにまとめ、伝えたい順に簡単に並べ直せるのだ。

Wordのアウトライン機能より多機能な専用ソフト「BEITEL」もフリーで公開されている。

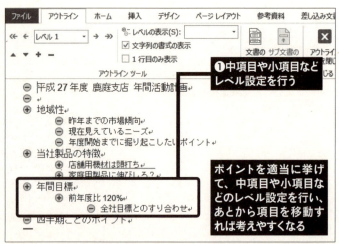

Wordのアウトライン機能は項目ごとにレベルを設定し、大項目から順番に項目を並べることで（❶）、全体の流れを把握しやすくなる。

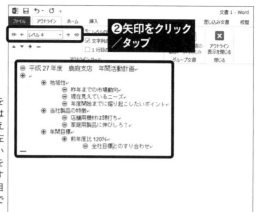

アウトライン機能を使って書いたものは項目の重要度を変えることができる。左上の「レベル」という部分にある矢印をクリック/タップすることで(❷)、項目の順位を上げ下げできる。

アウトライン機能に特化したフリーソフト「BITEL」。大項目をまず設定し、そこから順番に掘り下げて項目をピックアップしていくという書式で書いていく。

BEITEL
作者：Carabiner Systems, Inc.　　URL：http://beitel.carabiner.jp/download.html　　種別：フリーソフト

手書きの数式などをWordに貼り付ける

「数式入力パネル」アプリで入力した数式などは、Wordに貼り付けられる。あらかじめWordを起動しておき、「数式入力パネル」で数式を入力し、「挿入」をクリック/タップすると、数式を貼り

付けられる。貼り付けた数式は、フォントの大きさや位置の変更も可能だ。消去するときは選択してDelキーを押す。

87 Word／入力

よく使う定型句を簡単に入力したい

Wordで文書を作成するのであれば、そんなときはあらかじめ決まり文句を「定型句」として登録しておこう。登録後は、定型句の一部を入力するだけで候補として表示されるので、どれだけ長くても一瞬で入力できてしまう。

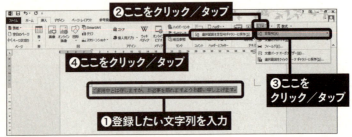

定型句に登録したい文字列を入力し、それを選択してから（❶）、「挿入」タブを選択して、「クイックパーツ」をクリック／タップ（❷）。「定型句」→「選択範囲を定型句ギャラリーに保存」を選択する（❸、❹）。

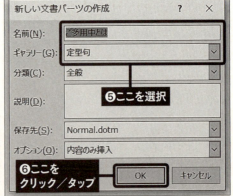

新しい文書パーツの作成」ダイアログで、「名前」欄が登録したい文字列の先頭であることを確認し、「ギャラリー」で「定型句」を選択（❺）。「OK」をクリック／タップすれば（❻）、登録は完了だ。

88 Word／入力
誤字・脱字や表記ゆれを チェックしたい

ビジネス文書、とくに社外に出す文書での誤字や脱字は御法度だ。そんなときはWordやExcelの校正機能を使ってみよう。誤字や脱字は、入力時に機械的にチェックしてくれるほか、読み手を惑わせる表記ゆれも見つけてくれる。ただし、この機能は簡易校正しかできないので、過信は禁物だ。

Wordでは、誤字・脱字と思われる箇所が赤色の波線で示されるので、間違いを見つけやすい。「校閲」タブの「スペルチェックと文章校正」ボタンをクリック／タップすると（❶）、右側に文章校正結果が表示される（❷）。

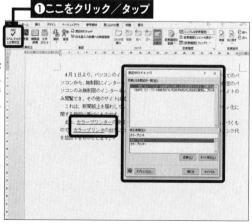

同じ語句でも表記が統一されていない"表記のゆれ"は、青色の波線で示される。「スペルチェックと文章校正」ボタンをクリック／タップすることで（❶）、対象となる箇所の一覧が表示されるので、これに基づいて表記を統一していけばよい。

89 Word／入力

誤った表記が何カ所もあるときにすばやく修正したい

　社外文書や案内状で間違った表記があるのは、ぜひとも避けたい。そこで試したいのが、検索機能と置換機能だ。瞬時に誤った表記を検索し、正しい表記に置き換えてくれる。長文で何カ所も同じミスがある場合でも、一瞬で誤りを修正できる。

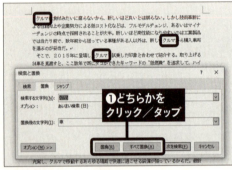

Wordのファイルを開いた状態で、Ctrl+Hキーを押すと「検索と置換」ダイアログが開く。「検索する文字列」に誤った文字列、「置換後の文字列」に正しい文字列を入力し、「置換」あるいは「すべて置換」をクリック／タップする（❶）。「すべて置換」を選択すると、文章中にあるすべての検索文字列が瞬時に置き換えられる。

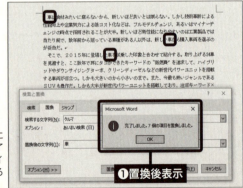

文字列が正しいものに置換されると、「完了しました」というダイアログが表示される（❶）。

90 Word／入力

小さい「っ」などが行頭にくるのを禁止したい

　Wordでは、句読点（「。」や「、」）などは行頭にならない。同様に、始めカッコ（「（」）も行末にならない。これらは「行頭／行末禁則文字」として自動調整されるのだ。「っ」や「ュ」などの小さな文字も禁則文字に指定してやれば、同じように行頭への配置を避けられる。

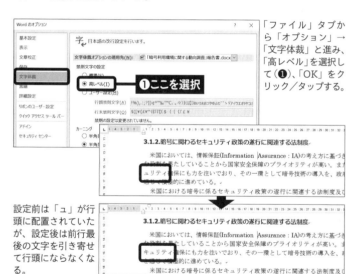

「ファイル」タブから「オプション」→「文字体裁」と進み、「高レベル」を選択して（❶）、「OK」をクリック／タップする。

設定前は「ュ」が行頭に配置されていたが、設定後は前行最後の文字を引き寄せて行頭にならなくなる。

新規文書を高レベルの禁則設定にする

文書を作るたびに禁則設定を変更するのはめんどうだ。「文字体裁オプションの適用先」を「すべての文書」にすれば、新規文書の禁則設定が最初から「高レベル」になる。

Excel&Wordの時短ワザを使う

91 Word／入力

英数字の全角／半角を一括で変換したい

いったん全角で入力したアルファベットなどをあとから半角文字に書き直すのは、手間もかかるし書き換え漏れの可能性もある。こんなときは「文字種の変換」機能を使って一気に全角文字を半角に変換しよう。この機能には大文字と小文字、ひらかなとカタカナなどさまざまな変換機能が用意されている。

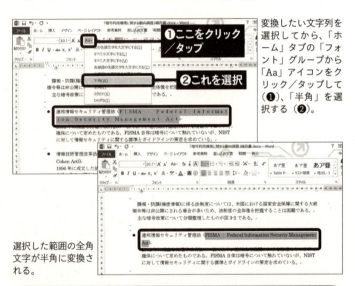

変換したい文字列を選択してから、「ホーム」タブの「フォント」グループから「Aa」アイコンをクリック／タップして（❶）、「半角」を選択する（❷）。

選択した範囲の全角文字が半角に変換される。

半角になるのはアルファベットだけではない

数字や記号、カタカナも同時に半角に変換されることに注意。選択範囲を誤ると必要のない語句まで半角になってしまう。半角に変換したい範囲だけを選択しておくのがコツだ。

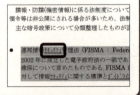

92 Word／入力

漢字などのルビを
読みやすい位置に表示したい

　読みが難しい熟語などを使うなら、ふりがなをつけると読みやすくなる。Wordの「ルビ」（ふりがな）機能を使うと内蔵の辞書から自動的によみがなを割り当ててくれるので、ほとんどの場合はルビ指定をするだけで済む。読みがなの手入力や配置バランスの調整も可能だ。

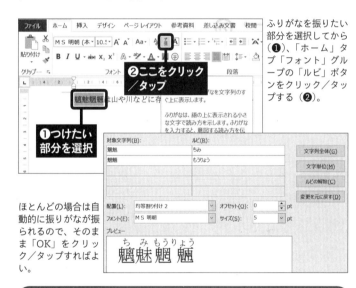

ふりがなを振りたい部分を選択してから（❶）、「ホーム」タブ「フォント」グループの「ルビ」ボタンをクリック／タップする（❷）。

❷ここをクリック／タップ

❶つけたい部分を選択

ほとんどの場合は自動的に振りがなが振られるので、そのまま「OK」をクリック／タップすればよい。

ルビの配置を変更するには

「文字列全体」ボタンで振りがなを等間隔にしたり、「文字単位」で文字ごとに振りがなを振るなどの配置の調整機能を活用しよう。

183

93 Word／入力

文書の欄外に注釈を挿入したい

特殊な用語の説明や出典の記載が必要な場合に、本文中に書き加えると煩雑で読みにくくなることも多い。「脚注」機能を使えば、ページ末や文書末に注釈がまとめられ、すっきりと読みやすくまとめられる。ページ末表示の場合は本文の増減に合わせて表示ページも移動する。

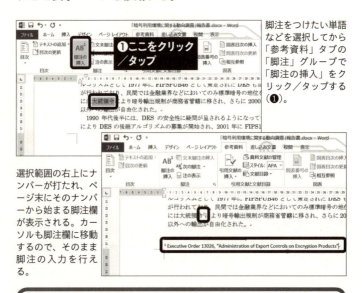

脚注をつけたい単語などを選択してから「参考資料」タブの「脚注」グループで「脚注の挿入」をクリック／タップする(❶)。

選択範囲の右上にナンバーが打たれ、ページ末にそのナンバーから始まる脚注欄が表示される。カーソルも脚注欄に移動するので、そのまま脚注の入力を行える。

ナンバリングも自動補正される

脚注のナンバーは文書の最初からの連番となる。作成した脚注より前に新しく脚注を作成すると、ナンバリングは自動的に振り直される。

94 Word／書式

行頭の位置をきれいに揃えたい

　ワードで文字列を好きな場所に配置したいとき、スペースをいくつか挿入して位置を調整したくなるかもしれない。

　文字の位置を調整したいなら、マーカーとTabキーを使うのが正解だ。段落の開始位置はマーカーをドラッグすればいい。

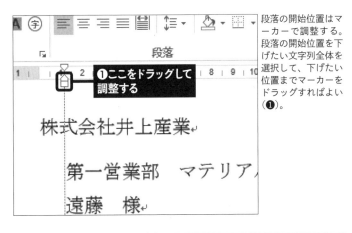

段落の開始位置はマーカーで調整する。段落の開始位置を下げたい文字列全体を選択して、下げたい位置までマーカーをドラッグすればよい（❶）。

文頭を揃えたい各文字列の先頭にキーボードのTabキーでタブ文字を挿入し（❶）、タブマーカーをドラッグして位置を調整する（❷）。タブマーカーは、「タブセレクタ」から「左揃え」「右揃え」「中央揃え」などを選択することができる。

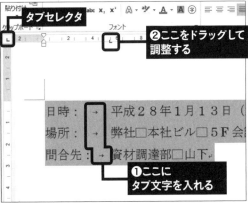

95 Word／書式

段落の先頭文字を目立たせたい

　見栄えのよい書面を作成するためのさまざまな機能がWordには備わっている。その中のひとつ「ドロップキャップ」は文章の1文字目を大きくすることで文章を読み出しやすくする、雑誌などではおなじみの手法。段落内への埋め込みと、左余白へ飛び出す配置を選択できる。

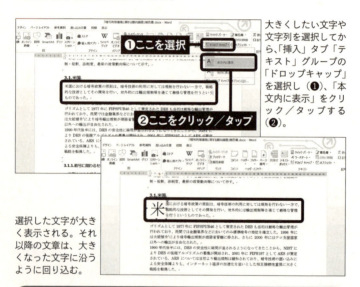

大きくしたい文字や文字列を選択してから、「挿入」タブ「テキスト」グループの「ドロップキャップ」を選択し（❶）、「本文内に表示」をクリック／タップする（❷）。

選択した文字が大きく表示される。それ以降の文章は、大きくなった文字に沿うように回り込む。

サイズや配置を調整する

「ドロップキャップ」のメニューから「ドロップキャップのオプション」を選択すると、位置やフォント、サイズや間隔などを細かく調整することが可能だ。

96 特定の文字だけを90度回転させたい

Word／書式

Windowsには、同じ書体で横書き用と縦書き用が用意されている日本語フォントも多い。横書きの文章の文字に縦書きのフォントを指定すると、その文字が90度回転する効果が得られる。ビジネス文書などには向かないが、カジュアルな書面にならおもしろいアクセントとして活用できるだろう。

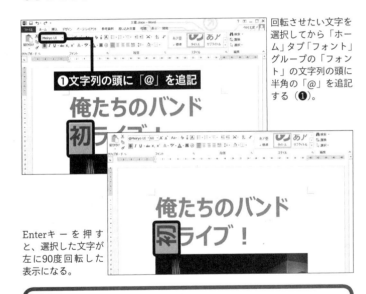

回転させたい文字を選択してから「ホーム」タブ「フォント」グループの「フォント」の文字列の頭に半角の「@」を追記する（❶）。

Enterキーを押すと、選択した文字が左に90度回転した表示になる。

回転させた文字を箇条書きの行頭文字にする

文字を回転させてから、その文字の右側にスペースを入力すると、回転させた文字が箇条書きの行頭文字に変化する。行末で改行すると、箇条書きになっていることがよくわかる。

97 Word／書式

文字や段落の書式を別の場所にも適用したい

フォントサイズや書体、配置など、設定した書式をほかの文章にも適用したい場合、いちいち同じ設定をくり返すのは大変だ。「書式のコピー／貼り付け」機能を使えば、段落単位ですべての書式を簡単に複写することが可能。スタイル設定するまでもないような場合に有効な手段だ。

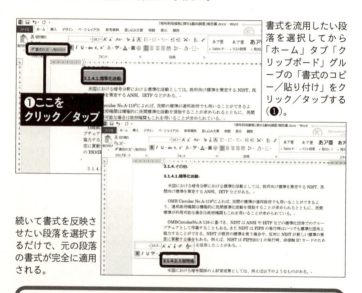

書式を流用したい段落を選択してから「ホーム」タブ「クリップボード」グループの「書式のコピー／貼り付け」をクリック／タップする（**①**）。

①ここをクリック／タップ

続いて書式を反映させたい段落を選択するだけで、元の段落の書式が完全に適用される。

文字単位で書式コピーするには

段落ではなく文章の一部だけ書式を反映させたい場合は、書式をコピーしたあと、書式を反映させたい文字列のみをドラッグして選択すればよい。

98 Word／書式

気に入った書式を保存して再利用したい

設定した書式を文書のあちこちでくり返し使いたい場合は、「書式のコピー／貼り付け」では使いにくい。このような場合は「スタイル」として登録すると便利だ。ここで紹介する手順ではスタイル情報は文書ファイルに保存され他の文書には適用されない。作業環境を変える心配なく手軽に使える手法だ。

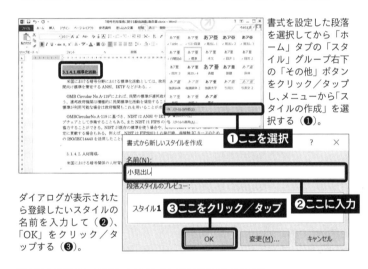

書式を設定した段落を選択してから「ホーム」タブの「スタイル」グループ右下の「その他」ボタンをクリック／タップし、メニューから「スタイルの作成」を選択する（**①**）。

ダイアログが表示されたら登録したいスタイルの名前を入力して（**②**）、「OK」をクリック／タップする（**③**）。

メニューに新しいスタイルとして登録される（**④**）。これでいつでも好きな範囲に登録した書式を設定できる。

99 Word／書式

1行分のスペースに
2行の文字列を表示したい

文章の中に小さく説明などを入れたい場合は「割注」機能を使うとよい。短い文章であれば、脚注よりも読みやすく配置できる。ただし1行分の高さに2行の文章が埋め込まれるので、フォントサイズが通常の半分以下になることに注意。プリンタの性能によってはかえって読みにくくなることもある。

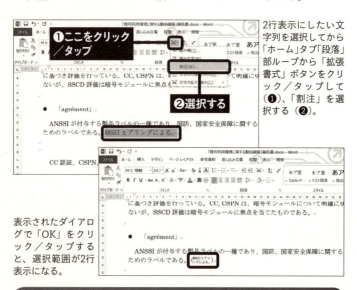

2行表示にしたい文字列を選択してから「ホーム」タブ「段落」部ループから「拡張書式」ボタンをクリック／タップして（❶）、「割注」を選択する（❷）。

表示されたダイアログで「OK」をクリック／タップすると、選択範囲が2行表示になる。

割注のフォントサイズを大きくする

割注の文字が小さすぎてどうにも読みにくければ、選択してからフォントサイズを変更して文字を大きくすることも可能だ。

190

Word／書式

縦書きの文章内で半角文字を横組みにしたい

縦書きの文章の中に数値や英単語などを記述する際は、その部分だけ横書きにしたほうが読みやすくなる。「縦中横」機能を使って一部分だけを横書き表記に切り替えよう。あまり文字数が多いと文書のバランスが崩れるが、4文字程度までであれば違和感のないレイアウトが可能だ。

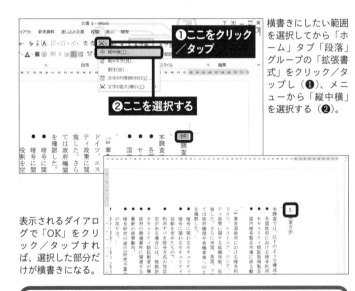

❶ここをクリック／タップ
❷ここを選択する

横書きにしたい範囲を選択してから「ホーム」タブ「段落」グループの「拡張書式」をクリック／タップし（❶）、メニューから「縦中横」を選択する（❷）。

表示されるダイアログで「OK」をクリック／タップすれば、選択した部分だけが横書きになる。

文字数の多い文字列を縦中横にするには

ダイアログで「行の幅に合わせる」にチェックすると、縦中横の文字列が行幅に合わせて細くなる。チェックを外すと行間が広がる。バランスを考えて使い分けよう。

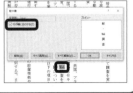

重要な文字列をマーカーで強調したい

ワードの蛍光ペンを使うと、注目したい文や、注目させたい文字列などにマーカーをつけることができる。蛍光ペンの色は15種類あるので、色分けして使うことで、マーカーを分類し意味づけすることも可能だ。

「ホーム」タブ→「蛍光ペンの色」をクリック／タップすると（❶）、15種類の色の一覧が表示される。ここでマーカーに設定したい色をクリック／タップし（❷）、選択する。なお、先にマーキングしたい文字列をドラッグして選択していると、色を選択すると同時にマーカーがつけられる。

蛍光ペンの色を選択すると、マウスは蛍光ペンのモードになる。この状態で文字列をドラッグすると、マーキングされる（❸）。マーカーをドラッグして2度なぞるか、「色なし」を選択してなぞると、マーカーは消える。蛍光ペンのモードを解除するには、「蛍光ペンの終了」をクリック／タップ（❹）するか、Escキーを押せばよい。

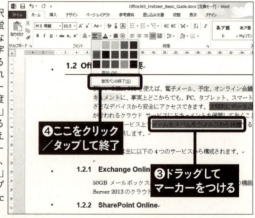

102 Word／書式

下線などの文字飾りを一括で別の種類に変えたい

文字列の一括置換と同様に、下線やフォントなども一括置換できる。使用する機能も同じ、「検索と置換」の機能だ。強調方法として下線がよいか、スタイルやフォントを変えるほうがよいかを迷った場合には、この機能で実際に変更してみよう。

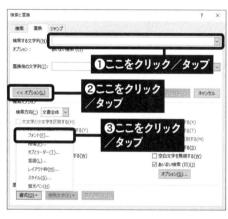

「ホーム」タブ→「置換」で表示される「検索と置換」ダイアログで、まずは「検索する文字列」の入力欄をクリック／タップする（**①**）。次に、検索したい文字飾りなどを指定するために、「オプション」をクリック／タップし（**②**）、「書式」→「フォント」をクリック／タップする（**③**）。

フォントや文字飾りなどの設定画面が表示されるので、検索したい文字飾りなどを指定する（**④**）。指定し終えて「OK」をクリック／タップすると、先の「検索と置換」の画面に戻るので、次に「置換後の文字列」入力欄をクリック／タップし、同様に置換後の文字飾りなどを指定する。あとは「すべて置換」で一括置換しよう。

103 Word／書式

箇条書きの行頭に好きな記号を使いたい

　箇条書きの段落の行頭文字には、あらかじめ数種類の文字が用意されている。ところが、これら以外に任意の文字を行頭に使うことや、画像を行頭に置くことも可能だ。ここでは、標準以外の文字を行頭に設定する方法を紹介しよう。

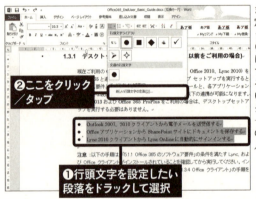

まず、行頭文字を設定したい段落をドラッグし選択する（❶）。選択する段落は、すでに箇条書きであってもよいし、そうでなくてもよい。次に、「ホーム」タブ→「箇条書き」→「新しい行頭文字の定義」をクリック／タップする（❷）。

「新しい行頭文字の定義」ダイアログが表示されたら、まずは「記号」をクリック／タップし（❸）、「記号と特殊文字」の画面から行頭に使用する文字を選択する。次に、選択した行頭文字のフォントサイズや色を選択するために、「文字書式」をクリック／タップしよう（❹）。設定した行頭文字の概観は、画面下部の「プレビュー」で確認できる。

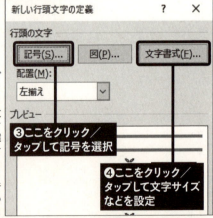

104 Word／レイアウト

文書を段組みにして読みやすくしたい

マニュアルやレポート、論文などのように、文書を段組みしてレイアウトすると見栄えする。ワードの段組み機能でも、2段、3段の段組みを簡単に行うことができる。さらに、それぞれの段の幅や段の間隔など、細かな設定が可能だ。

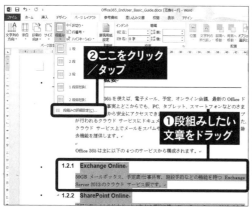

文書の一部分を段組みにする場合は、まず、段組みしたい文章をドラッグし選択する（❶）。次に、「ページレイアウト」タブ→「段組み」→「段組みの詳細設定」をクリック／タップする（❷）。なお、あらかじめ文章を選択していない場合は、段組みは文書全体に適用される。

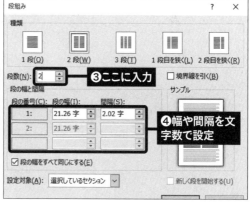

「段組み」画面が表示されたら、「段数」の入力欄に段数を入力し（❸）、「段の幅」と「間隔」の入力欄に文字数を入力する（❹）。「段の幅をすべて同じにする」をオフにすると、段ごとに異なる段の幅を設定できる。

105 Word／レイアウト

文書の背景に「社外秘」などの透かしを入れたい

ビジネス文書には、見積書や提案書、新規事業の計画書など、関係者以外には見せたくない文書がたくさんある。ワードの「透かし」機能を使うと、文書に「関係者外秘」などの透かしを挿入し、関係者以外への流出を警告することが可能だ。

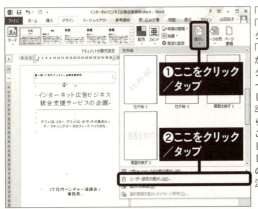

「デザイン」タブ→「透かし」をクリック／タップし（❶）、「ユーザー設定の透かし」をクリック／タップする（❷）。「ユーザー設定の透かし」の代わりに、標準の透かしの一覧から透かしを選択することも可能だ。ただし、この場合、透かしは現在のページにのみ挿入されるので注意しよう。

「透かし」画面が表示されたら、まず、「テキスト」をクリック／タップしてオンにする（❸）。続いて「テキスト」の入力欄に、透かしにしたい文字列を入力または選択しよう（❹）。あとはフォントやサイズ、色、レイアウトを指定すれば、その通りの透かしが、すべてのページに挿入される。なお、文字の代わりに、画像を透かしにすることも可能だ。

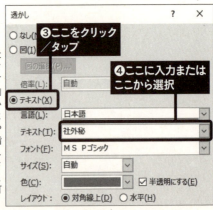

106 Word／ヘッダー・フッター

欄外に文書のタイトルや日付などを入れたい

文書の欄外は、ワードのヘッダーおよびフッターの機能で記入できる。ここには、それぞれのページが何の文書の1ページかがわかるように、文書のタイトルやファイル名などを記入しよう。また、文書がいつ誰によって作成されたかを明らかにするために、作成日や作成者を記入しておくのもよい。

「挿入」タブ→「ヘッダー」または「フッター」をクリック／タップし（❶）、「ヘッダーの編集」または「フッターの編集」をクリック／タップする（❷）。なお、「ヘッダーの編集」および「フッターの編集」の代わりに、「空白」などの選択肢をここで選んでもよい。ただし、選択後はいずれも、ヘッダーおよびフッターの編集モードになる。

ヘッダーおよびフッターに、Tabキーでタブを入力ながら、表示したい文字列を入力しよう（❸）。日付やファイル名の入力は、「ヘッダー／フッターツール」の「デザイン」タブ→「日付と時刻」や「ドキュメント情報」から行える（❹）。編集モードを終了するには、「ヘッダーとフッターを閉じる」をクリック／タップすればよい。

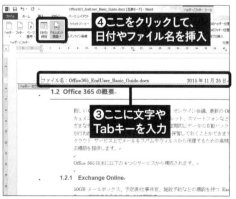

107 Word／ヘッダー・フッター

ページ番号をうまく挿入したい

ページ番号の開始番号や書式の設定方法を紹介しよう。さらに、偶数ページと奇数ページのページ番号表示位置を変えることで、両面印刷した文書の見開きページで、ページ番号が左右対称になるように設定してみよう。

まずは、フッターにページ番号を挿入しよう。「挿入」タブ→「ページ番号」→「ページの下部」をクリック／タップし（❶）、ページ番号の例のいずれかをクリック／タップして選択する（❷）。ここでは、「ページの下部」→「ページ番号1」を選択した。次に、挿入した開始番号などを変更するために、「挿入」タブ→「ページ番号」→「ページ番号の書式設定」をクリック／タップする（❸）。

「ページ番号の書式」画面が表示されたら、「番号書式」から書式を選択し（❹）、「開始番号」をクリック／タップしたあと、入力欄に開始番号を入力しよう（❺）。他には、章番号を含むページ番号の設定や、前の番号からの継続番号を設定することができる。

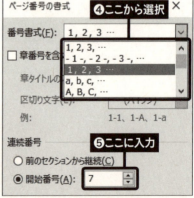

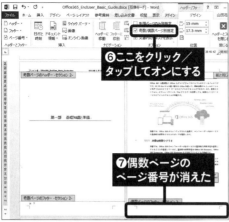

図では説明のために、「表示」タブ→「複数ページ」で2ページ表示している。左が奇数ページで右が偶数ページだ。ここで、左右のページ番号の表示位置を変えるために、「ヘッダー/フッターツール」の「デザイン」タブ→「奇数/偶数ページ別指定」をクリック/タップする（❻）。これにより、奇数ページの番号は「p.7」のままだが、偶数ページの番号は削除されたことがわかる（❼）。

偶数ページのフッターにTabキーを押してタブを2つ入力し、さらに、ここにあらためてページ番号を入力する（❽）。これで奇数ページは左寄りのページ番号となり、偶数ページは右寄りのページ番号となった。さらに、ルーラーの「右揃えタブ」をドラッグすることで、表示位置を調整しよう（❾）。調整が完了すれば、左右対称のページ番号が完成だ。

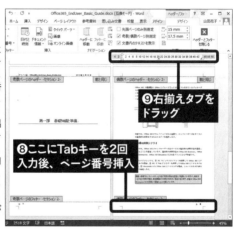

セクションを設定する

ページ番号をはじめ、ヘッダーやフッターの内容はセクションごとに変更できる。セクションを作成するには、「ページレイアウト」→「区切り」からセクション区切りを挿入すればよい。これにより、すべてのセクションで、ページ番号を常に1から開始することができる。

108 Office Online

ExcelやWordのないパソコンで文書を閲覧・編集したい

　Web版のOneDriveには「Office Online」機能が含まれており、WordやExcelなどのオフィス文書をダイレクトに新規作成や編集することができるようになっている。Webアプリなので機能は限定されるが、十分実用に足る。

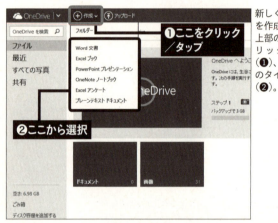

新しくオフィス文書を作成するなら画面上部の「作成」をクリック/タップし(**①**)、作りたい文書のタイプを選択する(**②**)。

選択した文書タイプのOffice OnlineがWeb画面内で直接入力してオフィス文書を作成できる。

Chapter. 4
メールの テクニックを磨く

メールに返信するとき うまい件名を付けたい

01 メールの常識

　メールは内容に応じて適切な件名を付けることが大切だ。「返信」機能を使うと件名は「Re:（元の件名）」になる。以前とは話題が変わったにもかかわらず、件名が「Re:（元の件名）」のままだと相手に用件が伝わりづらい。かといって、やたらと件名を変えるのも問題だ。スレッドでメールを管理している人は、同一の話題のやりとりを単一のスレッドで扱いたいもの。テーマが変わらない間は件名を変更せず、そのまま「Re:（元の件名）」にしておくほうが相手への配慮となる。

```
Subject: Re: あけましておめでとうございます
Date: Wed, 1 Apr 2015 12:30:00 +0900
From: 山田 太郎 <yamada@example.co.jp>
To: 田中 一郎 <tanaka@sample.co.jp>

田中一郎様

大変ご無沙汰しております。
東京商事の山田です。
```

正月に届いたメールにそのまま返信すると、4月の送信にもかかわらず、メールの件名は「Re:あけましておめでとうございます」になっている。これだと受信者はメールの用件を把握しづらい。過去に受け取ったメールに返信する場合は必ず件名を確認しよう。

相手から「ネジ2,300本の見積書をお送り致します」という件名のメールを受け取った。この場合は、「Re: ネジ2,300本の〜」という件名のほうが、何の話題に関するメールなのかが先方も一発で理解できる。やりとりもスムーズだ。

```
Subject: Re: ネジ2,300本の見積書をお送り致します
Date: Wed, 25 Nov 2015 15:12:54 +0900
From: 山田 太郎 <yamada@example.co.jp>
To: 田中 一郎 <tanaka@sample.co.jp>

田中一郎様

いつもお世話になっております。
株式会社東京商事の山田です。
```

02 メールの常識
メールに適切な署名を付けて送りたい

　メールの末尾に付ける差出人の情報を「署名」と呼ぶ。これは筆記の「サイン」とは違って氏名だけでは不十分だ。署名には最低限、自分の氏名、会社名、部署名、住所、電話番号、FAX番号、携帯電話番号、メールアドレスは入れるようにしよう。署名は特殊な文字や記号などを使わずに、通常のテキストだけで作成する。また、複数の署名を使い分ける機能があるなら、ビジネス用とプライベート用の署名を使い分けるとよい。

プライベートなら問題ない簡易な署名の例

```
----------------------------------------
Yamada Taro
mail：yamada@example.co.jp
Blog：http://yamada.blog.example.co.jp
----------------------------------------
```

ビジネス用に使う署名の例

```
----------------------------------------
山田　太郎（YAMADA Taro）
（株）東京商事　広報部
〒100-0001
東京都千代田区千代田1-1-1
インペリアルパレス101
電話：03-0000-0000
FAX：03-0000-1111
携帯：090-9999-9999
e-Mail：yamada@example.co.jp
----------------------------------------
```

署名は複数のものを宛先やアカウントによって使い分けるという手もある。私用なら簡単なものでかまわない。

03 メールの常識
ビジネスメールで相手に好感を与える秘訣を知りたい

　ビジネスで使用するメールには、業務を滞りなく遂行するためのマナーがある。大切なのは、受信したメールには必ず返信するということ。返信は24時間以内が原則だ。仕事の依頼メールで、その依頼内容を24時間以内に完遂できない場合でも、ひとまず猶予を乞う旨の返信をしておこう。また、ビジネスメールでは、"キャッチボール"も重要となる。送信→返信→再返信という「一往復半」の流れが基本だと覚えておこう。

悪い返信の例

```
山田様

了解です。　← ひと言で済ますのは失礼

池田
```

よい返信の例

```
山田太郎様

いつもお世話になっております。
コンペの日程変更の件、承知しました。
それでは6時にうかがいます。
よろしくお願いいたします。

池田
```

ビジネスのメールは、具体的に何についての話なのかが伝わるように書くのが常識。

依頼を断る際の例

```
Subject: Re: ビジショウパンフ広告について
Date: Tue, 7 Apr 2015 14:35:00 +0900
From: 山田 太郎 <yamada@example.co.jp>
To: 伊藤 良子 <ito@sample.co.jp>

伊藤良子様

東京商事の山田太郎です。
いつもお世話になっております。
```
依頼を断る場合でも感謝の言葉を添えると印象が違う。断る理由は相手が納得できるよう具体的に書こう。

```
ビジネスショウで配布するパンフレットへの広告掲載を
ご検討いただき、ありがとうございます。
```
― **感謝の言葉**

```
誠に申し訳ありませんが、本件は既にデータを納入済み
で間もなく印刷が始まる手配となっておりますので、新
規の追加は難しいのが現状です。
当方といたしましても何とかお役に立ちたいと方策を考
えたのですが
```
― **具体的な理由の提示**

メールに対するお礼の例

```
Subject: Re: プレゼン会場の件
Date: Fri, 3 Apr 2015 11:19:00 +0900
From: 山田 太郎 <yamada@example.co.jp>
To: 田中 一郎 <tanaka@sample.co.jp>

田中一郎様

東京商事の山田です。
いつもお世話になっております。

プレゼン会場の設備について詳細な情報をありがとうご
ざいます。
おかげさまで必要な機材を取り揃えることができました。

取り急ぎ御礼申し上げます。
今後ともよろしくお願いいたします。
```

問い合わせに対する回答の返信を受け取ったら、必ず受信確認を兼ねたお礼のメールを出すのがマナーだ。

メールの基本マナー五カ条

- 受け取ったメールには24時間以内に返信
- 対応に時間がかかる場合は猶予を乞う返信を早めに
- 依頼や問い合わせに応じた相手にはお礼の返信を
- 取引先や上司に返信するときは具体的な内容を含めて
- 相手の依頼を断るときは正当な理由と感謝の意を表明

04 メールの常識

メールの文面で重要事項を目立たせたい

　メール内での重要な部分を目立たせたい場合には記号を活用しよう。重要事項の伝達には箇条書きと記号を組み合わせるとわかりやすい。箇条書きの頭に付ける記号に目立つものや重要度が区別できるものを選ぼう。簡単な例としては「◎→○→・」や「◆→◇→・」が挙げられる。順番を明確にしたい場合には「1、2、3／ア、イ、ウ／a、b、c」などを組み合わせればよい。

Subject: Re: タイ合弁事業の件
Date: Wed, 8 Apr 2015 10:25:00 +0900
From: 山田 太郎 <yamada@example.co.jp>
To: 鈴木 明 <suzuki@sample.co.jp>

鈴木明様

昨日はありがとうございました。
お問い合わせのあった「チャオプラヤー川の増水対策」の件ですが、現地では以下のような準備を進めているとのことです。

●建物の浸水対策
・土地のかさ上げ（※工事済み）
・精密機器の設置高さ再検討
・電気系統の天井配線
●決壊時の備え
・遮水板

伝達内容を箇条書きに整理し、主要項目に目立ちやすい「●」を、細かい下位項目には「・」を使用。文字サイズや色などを変更して目立たせる方法もあるが、相手の環境によっては意図どおりに表示されないこともある。

05 メールの常識
メールの返信で元の文章をうまく引用したい

相手のメールの一部を引用する場合のルールとしては、引用部分の頭に「> 」を追加するのが一般的。引用の引用ならば「>> 」となる。環境によっては、この「> 」が画面上で「| 」のように見える場合もある。返信時の引用はメールソフトやサービスによって初期設定が異なる。全文引用するようになっていることが多いが、念のため設定をチェックしておこう。一部では返信メール作成画面に引用部分が表示されていなくても、送信時には全文引用されている場合があるので注意が必要だ。

Subject: Re: タイ合弁事業の件
Date: Thu, 9 Apr 2015 10:10:00 +0900
From: 山田 太郎 <yamada@example.co.jp>
To: 鈴木 明 <suzuki@sample.co.jp>

鈴木明様

山田です。
いつもお世話になっております。
お問い合わせの件について担当者に確認ができました。

> 工事済みの「土地のかさ上げ」は何メートルですか？

地盤は1.3mですが、基礎部分がプラスで1.2mですので、実質的に2.5メートルになります。

> 毎月1回の訓練は全員参加ですか？

相手のメールの一部を引用する場合は行頭に「> 」が表示されるようにして、引用であることを明示しておく。

「> 」で引用を明示

メールのテクニックを磨く

06 メールの宛先

上司や同僚への連絡でCCを上手に使いたい

　CC（カーボン・コピー）はメールを宛先とは別の第三者に「控え」として同時に送信する機能。業務の進捗状況などを同僚や上司と共有したいとき、CCを利用しがちだが、むやみにCCするのは控えよう。受け取る側にとって不要な情報まで送りつけていると、「CCは重要度が低い」と認識されてしまう。ケースバイケースで判断し、回覧が必要なものだけCCするのが正解だ。また、上司やリーダーに対しては、「CCしておけば報告したことになる」と考えず、業務の見通しがついた時点で、いったん報告のメールを送るのが望ましい。

Date: Tue, 14 Apr 2015 15:41:00 +0900
From: 山田 太郎 <yamada@example.co.jp>
To: 田中 一郎 <tanaka@sample.co.jp>
CC: 佐藤 部長 <<sato@example.co.jp>

田中一郎様

いつもお世話になっております。
契約書の件、ご確認ありがとうございます。
このまま進めさせていただきますので、よろしくお願いいたします。

山田太郎

Subject: Re: 新規Web媒体の件
Date: Tue, 14 Apr 2015 15:52:00 +0900
From: 山田 太郎 <yamada@example.co.jp>
To: 佐藤 部長 <<sato@example.co.jp>

佐藤部長

取引先とのメール交換をそのまま「CC」ばかりで上司に送り続けるよりも、要所要所で「To」でまとめて報告を送るとよい。

07 メールの宛先

複数の顧客にメールを同報するときのマナーを知りたい

　同じ内容のメールを複数の相手に送りたいとき、普通なら「CC」欄にメールアドレスを列挙する。しかし、CCだと、メールアドレスが受信者全員に表示されるので、互いに面識のない人に個人情報が漏れてしまう。そんなときは、受信者のメールアドレスが表示されないBCC（ブラインド・カーボン・コピー）を利用すればよい。メールソフトやサービスの種類で異なるが、「CC」「BCC」は件名や宛先の下部にあることが多い。多くのメンバーにお知らせを送る場合には、「宛先」を誰か特定の受信者ではなく、自分自身のメールアドレスにしておこう。

送信側の設定

```
Subject: 定例会議・日程変更のお知らせ
Date: Mon, 27 Apr 2015 10:09:59 +0900
From: 山田 太郎 <yamada@example.co.jp>
To: 山田 太郎 <yamada@example.co.jp>
CC: 田中 一郎 <tanaka@sample.co.jp>
BCC: 斉藤 花子 <saito@dummymail.co.jp>
```

受信側の設定

```
Subject: 定例会議・日程変更のお知らせ
Date: Mon, 27 Apr 2015 10:09:59 +0900
From: 山田 太郎 <yamada@example.co.jp>
To: 山田 太郎 <yamada@example.co.jp>
CC: 田中 一郎 <tanaka@sample.co.jp>
```

送信者が設定したCCは受信者側に表示されるが、
BCCなら表示されないので個人情報が守られる。

08 メールの宛先

同じ部署のメンバーに効率よくメールを一斉送信したい

複数のメンバーにCCやBCCでメールを一斉送信する場合、手動でメールアドレスを入力したり、ひとりずつアドレス帳から選んで設定していると、時間がかかり、ミスする可能性も高い。必要な相手に送らなかったり、見当違いの相手に送ってしまったりすると問題だ。そんなときは連絡先のグループ機能を利用しよう。メールソフトやサービスによって使い方が違うが、たいていのメールソフトには同様の機能が用意されている。

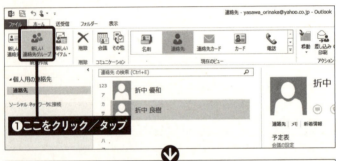

「連絡先」の「ホーム」タブで「新しい連絡先グループ」からグループを作成し（❶）、「メンバーの追加」で送信先を登録する（❷）。

09 メールの宛先

CCで届いたメールで全員に返信を送りたい

発信者個人だけに伝えたい内容であれば普通の「返信」でかまわない。だが、部署やプロジェクト・チームのようなメンバー間での連絡網としてのCCメールなら、「全員に返信」を利用する。これなら差出人は当然として、CC欄にある全員に対して一発でメールを送信できる。「返信」と「全員で返信」は、場面に応じて意識的に使い分けるようにしよう。

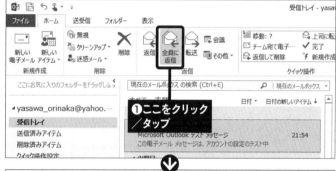

ツールバーの「ホーム」タブにある「全員に返信」（❶）、もしくはメール本文の上部にある「全員に返信」（❷）をクリック／タップする。

10 メールの便利ワザ

顧客や取引先へのメールで挨拶文を簡単に入力したい

　顧客や社外の取引先にメールを送信する場合、定型となる挨拶文を挿入するケースが多い。「日頃は大変お世話になっております」などだ。季節に応じた表現や、お礼やお詫びなどの目的別に使い分けることもある。頻繁に入力する挨拶文や住所などは、あらかじめ用意された定型文や入力を支援する機能を活用するとよい。作業効率を大幅に高められるはずだ。

❶ 定型の挨拶文を呼び出す

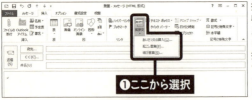

挨拶文はあらかじめ収録しておく。メール本文を入力するとき、「挿入」にある「挨拶文」から「あいさつ文の挿入」をクリック／タップする（❶）。

❷ 挨拶文を作成する

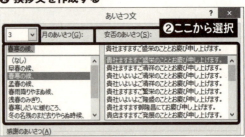

時候の挨拶と安否および感謝の挨拶の文章を選択したあと（❷）。「OK」をクリック／タップすると、メール本文に貼り付けられる。

❸ 住所は郵便番号から変換できる

Windowsの場合、全角で郵便番号を入力し、漢字変換と同じようにスペースキーをクリック／タップすると、その番号が示す住所が変換候補として表示される。

11 メールの整理

過去に受け取った重要なメールを
すぐに見つけたい

日々の連絡事項が飛び交うメール。そんななかから特定のメールを探し出すのは意外と手間がかかる。タイトルや差出人、日付を元に探すものの、1件ずつ内容をチェックするのは作業効率が悪い。そこで、大事なメールやあとで返事するメールには、「フラグ」を付与しておくとよい。フラグは赤い旗を模した目印で、メールを識別するのに用いる。

フラグを付ける

Outlookの場合、「ホーム」にある「タグ」から「フラグの設定」を選び、「フラグを付ける」をクリック/タップすると（❶）、受信トレイにあるメールにフラグを付けられる。

フラグを付けたメールを探す

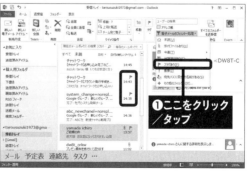

フラグの付いたメールだけを表示させるには、「ホーム」にある「電子メールのフィルタ処理」から「フラグあり」をクリック/タップする（❶）。フラグはクリック/タップすると外せる。

12 メールの整理

受信したメールから添付ファイルをすばやく探したい

　大量のメールのなかから、重要な資料が添付された過去のメールを探すような場合、ファイルが添付されたメールだけ抽出して表示するのが効果的だ。全メールを対象にして探さなくてもよいので、該当メールを容易に見付けられるだろう。例えば、Outlookの場合、「電子メールのフィルター処理」から「添付ファイルあり」を選択すれば、ファイルが添付されたメールだけを絞り込める。未読のメールや特定の期間内に受信したメールを抽出するといった使い方も可能だ。Gmailの場合は下記を参照にすればよい。

Gmailで添付ファイルを探す方法

Gmailの場合、「設定」タブから「フィルタ」を選択し、「新しいフィルタを作成」で「添付ファイルあり」にチェックを入れるか、検索窓に「has:attachment」と入力してEnterキーを押すと（❶）、ファイルが添付されているメールだけが受信トレイに表示される（❷）。

13 ファイル送信

サイズの大きいファイルをメールで送信したい

　容量の大きいファイルを送信すると、送信に時間がかかったり、相手が受信できなかったりする。その場合、ファイルを圧縮すれば容量を軽くすることができる。ただし、メールでストレスなく送信できるのは、せいぜい数MB。あまりに大容量な場合はファイル転送サービスを活用しよう。容量が数GBのファイルを無料で送信できたり、ファイルの暗号化やダウンロード回数を設定してセキュリティに配慮したりするものが多い。

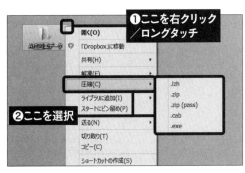

圧縮したいファイルやフォルダを右クリック／ロングタッチして(❶)、メニューから種類を選べば圧縮できる(❷)。一般的な圧縮形式は「ZIP」だ。

おもなファイル転送サービス

- 宅ふぁいる便（https://www.filesend.to/）
- データ便（https://www.datadeliver.net/）
- firestorage（https://firestorage.jp/）

「Giga File便（http://gigafile.nu/）」は無料のファイル転送サービスのひとつ。最大25GBのファイルを送信できる。

14 ファイル送信

写真を縮小してからメールに添付したい

デジカメやスマートフォンで撮影した作業現場の写真を日報代わりにメールで送っている人は多いはず。しかし写真のなかには、1枚の容量が数MB以上になるものが珍しくない。そんなときは、写真のサイズを小さくして容量を減らすとよい。画質は落ちるものの、一度に何枚も写真を送信できるようになる。

写真のサイズを縮小するには、「ペイント」を利用すればよい。Windows10/7では、「スタート」→「すべてのアプリ(プログラム)」→「Windowsアクセサリ(アクセサリ)」→「ペイント」を選択。Windows 8では、アプリ画面の「Windowsアクセサリ」→「ペイント」を選択。「ペイント」が起動したら、「ホーム」にある「イメージ」から「サイズ変更」をクリック/タップする(❶)。

「サイズ変更と傾斜」ダイアログが開いたら、「パーセント」か「ピクセル」を選択し、「縦横比を維持する」にチェックを入れ、今より小さい値を入力(❷)。「OK」をクリック/タップするとサイズを小さくできる。ここでは元のサイズの30%の大きさに設定した。

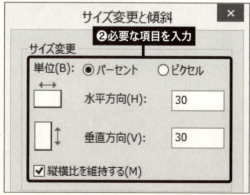

15 Gmailの基本
Gmailでメールを新規作成して送信したい

メールを送信するとき必要な要素には、宛先のメールアドレス、件名、本文の3つがある。宛先を入力しなければ相手に届かないし、件名のないメールは迷惑メールと間違えられる可能性がある。もちろん、本文の内容が最重要だが、送信前に読み直すことも忘れないようにしたい。

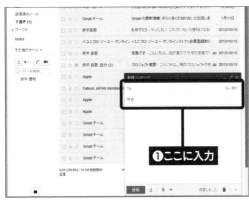

右下に「新規メッセージ」の入力欄が表示されたら、「To」の部分に宛先のメールアドレスを、「件名」の部分にメールのタイトルを入力する(❶)。なお、「To」の文字の部分をクリック/タップすると、「連絡先」のリストを参照できる。

中段の広い部分にメールの本文を入力し(❷)、内容を確認してから左下の「送信」ボタンをクリック/タップする(❸)。

メールのテクニックを磨く

16 Gmailの基本

受信したメールに返信を書きたい

　届いたメールに返信するには何通りかの方法があるが、基本は閲覧画面で「返信」をクリック／タップすることだ。内容の入力は下部で行うので、受信メールを参照しやすい。

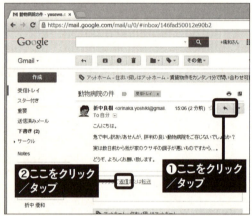

受け取ったメールの内容が表示されている部分の右上にある「返信」ボタンか（❶）、下部の返信内容を書き込む部分の「返信」をクリック／タップする（❷）。受信者が複数の場合は「全員に返信」も可能だ。

受信メールの下部で返信内容の本文を入力したら「送信」ボタンをクリック／タップする。Shiftキーを押しながら「返信」をクリック／タップしたり、左上の「返信の種類」メニューを使うと、通常のメッセージ作成欄を使用することもできる。

17 Gmailの基本

受け取ったメールを別の人に転送したい

転送の操作は返信の場合と似ているが、必ず宛先のメールアドレスを入力する必要がある。本文に引用された転送内容の他に、コメントを添えて送ることも可能だ。

受け取ったメールが表示されている部分の右上の「その他」メニューで「転送」を選ぶか（❶）、下部の返信内容を書き込む部分で「転送」をクリック／タップする（❷）。

18 Gmailの基本

メールの作成画面を新しいウィンドウで開きたい

通常、メッセージ作成欄は右下に小さく表示されるが、これは別のウィンドウとして開くことも可能だ。ウィンドウ表示にすれば、表示サイズや位置なども思いのままにできる。

Gmail画面の左上の「作成」ボタンをShiftキーを押しながらクリック／タップすると（❶）、メール作成画面が新しいウィンドウとして開かれる。

19 Gmailの基本

作成中のメールを別のウィンドウで表示したい

メールを書くときの表示形式は、新規作成時でなくても別ウィンドウに切り替えられる。元の表示に戻す操作も簡単なので、状況に応じて使い分けるといいだろう。

メッセージ作成欄の右上にある「全画面表示」ボタンをShiftキーを押しながらクリック/タップする(❶)。なお、Shiftキーを押さずにクリック/タップすると、単純にメッセージ作成欄のサイズが大きくなる。

ウィンドウ形式のメッセージ作成画面を元の表示に戻すには、右上の「ポップイン」ボタンをクリック/タップする(❶)。

20 Gmailの基本

Googleフォトにアップした写真を添付したい

Gmailではパソコンに保存されている画像ファイル以外に、Google+などGoogleの各種サービスでクラウド上に保存した写真もメールに添付して送ることができる。メールのサイズが気になるときに利用したい。

メッセージ作成欄の下部の「+」にマウスポインタを重ねると他のボタン類が表示されるので、「写真を挿入」をクリック/タップする(❶)。

「写真」または「アルバム」をクリック/タップして画面を切り替え(❷)、送りたい写真を選択してから「挿入」ボタンをクリック/タップする(❸)。「アップロード」画面では、パソコンにある画像ファイルを利用することも可能だ。

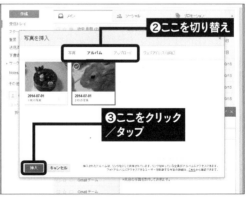

メールのテクニックを磨く

221

21 Gmailの基本

メールにファイルを添付して送信したい

メールには任意のファイルを添付して送ることができる。複数のファイルを添付することも可能だが、受信する相手の迷惑にならないよう、サイズには注意しよう。

メッセージ作成欄の下部に並んだボタン類のうち、ゼムクリップの形の「ファイルを添付」をクリック/タップする(❶)。

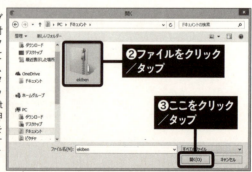

「開く」ダイアログが表示されたら添付したいファイルをクリック/タップして選択してから(❷)、右下の「開く」ボタンをクリック/タップする(❸)。ShiftまたはCtrlキーを押しながらアイコンをクリック/タップすれば、複数のファイルも選択できる。

ダイアログで選択する代わりに、添付したいファイルのアイコンをメッセージ作成欄の本文入力部分にドラッグ&ドロップしてもかまわない。

添付したファイルは本文の下に表示される。右側の「×」をクリック/タップすることで削除も可能だ（❶）。写真など画像ファイルの場合には、添付ファイルの内容が本文と一緒に表示される。

22 Gmailの基本

メールに添付できないような巨大なファイルを送りたい

大きなサイズのファイルをメールに添付すると、受け取る相手に迷惑をかけることがある。そんなときはGoogleドライブを利用して、ファイルへのリンクを伝えよう。

メッセージ作成欄の下部の「+」にマウスポインタを重ねると他のボタン類が表示されるので、「ドライブを使用してファイルを挿入」をクリック/タップする(❶)。

送りたいファイルを「ここにファイルをドラッグ」の部分にドラッグ&ドロップするか、「パソコンのファイルを選択」をクリック/タップしてから「開く」ダイアログでファイルを選択する(❷)。

選択したファイルがリストに表示されたら、「アップロード」ボタンをクリック/タップする（❸）。さらにドラッグ&ドロップするか「ファイルを追加」ボタンをクリック/タップすると、複数のファイルも添付可能だ。

Googleドライブにアップロードしてあるファイルを送りたい場合には、左側の「マイドライブ」をクリック/タップして表示を切り替えよう（❶）。あとはファイルを選んでから（❷）、「挿入」ボタンをクリック/タップすればOKだ（❸）。

23 Gmailの基本

CCやBCCにメールアドレスを追加したい

同じメールを複数の相手に同時に送信する「CC」や「BCC」は、入力欄を表示させてから設定する。全員のメールアドレスを公開したくない場合は「BCC」、公開してよい場合は「CC」を使おう。

メッセージ作成欄の「To」（宛先）部分をクリック/タップすると右側に「Cc」と「Bcc」が表示されるので、この文字をクリック/タップすれば入力欄が追加される（❶）。

❶ここをクリック/タップ

24 Gmailの基本

メールの末尾に自動的に署名を挿入したい

名前や住所、メールアドレスやブログのURLなどをメールの末尾に入れる「署名」は「全般」設定に入力しておく。設定すると、それ以降は自動的に同じ署名が挿入されて手間が省ける。

「設定」メニュー→「設定」→「全般」で「署名」のラジオボタンを下部のものに切り替え、メール本文の入力と同じ要領で署名を作成したら、「変更を保存」ボタンをクリック/タップする。

25 Gmailの基本

文字の大きさや色などの書式を設定したい

メール本文はフォントやサイズ、色などを設定したリッチテキストでも送ることができる。スタイルや配置なども使えるので、手間をかければワープロ並みの文書作成も不可能ではない。

メッセージ作成欄の下部にある「書式設定」の「A」をクリック/タップすると、フォントやサイズ、文字飾りなどを設定するためのメニューやボタン類が表示される（❶）。

本文中で文字飾りしたい部分をドラッグなどの手段で範囲選択し（❷）、書式設定オプションのボタン類をクリック/タップする。フォントの種類やサイズなどはメニューから選択する方式だ（❸）。

26 Gmailの基本

書きかけのメールを保存しておきたい

　メッセージの作成中に保存することを意識する必要はほとんどない。何らかの入力や変更を行うと、数秒以内に自動保存されるからだ。

メッセージ作成欄の右下に「保存しました」と表示されていれば自動保存が正常に実行されているので、途中で閉じても大丈夫だ。書きかけのメールは左サイドバーの「下書き」をクリックするとアクセスできる。

27 Gmailの基本

メールをプリンターで印刷したい

　スレッドに含まれるメールすべてをまとめて印刷するか、1通のメールだけを印刷するかで操作が異なる。個々のメールの場合は「返信」ボタンの右のメニューを使うと便利だ。

スレッド全体を印刷する場合は右上のプリンタ型の「すべて印刷」をクリックする。個別にメールを印刷する場合は「▼」の「その他」メニューで「印刷」を選ぶ。あとは用紙などの設定をして「印刷」ボタンをクリック／タップしよう（❶）。

28 Gmailの管理

「新着」などのタブの表示／非表示を変更したい

受信トレイのカテゴリはデフォルトの「メイン」「ソーシャル」「プロモーション」以外に「新着」「フォーラム」が用意されており、「メイン」以外はオン／オフできる。「受信トレイ」の表示はデフォルトでカテゴリ分けされているが、これはオフにすることができる。

使用したいカテゴリにはチェックを付け、不要なものはチェックを外したら（❶）、左下の「保存」ボタンをクリック／タップする（❷）。

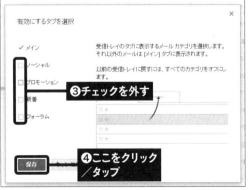

カテゴリ切り替えタブの右にある「+」をクリック／タップするか「設定」メニューで「受信トレイを設定」を選択し、「メイン」以外のチェックを外してから（❸）、「保存」ボタンをクリック／タップする（❹）。

29 Gmailの管理

タブを表示せずに受信トレイを利用したい

「受信トレイ」の表示は形式を変更できる。重要な未読メール、未読メール、スター付きなどをリストの先頭に集めて表示できるので、受信メール数の多い場合は種類を変更しよう。

左サイドバーの「受信トレイ」部分にマウスポインタを重ねると右端に「▼」が表示されるのでクリック/タップし、メニューから切り替えたい表示の種類を選択する(❶)。「設定」→「受信トレイ」からでも設定変更は可能だ。

ここでは「優先トレイ」を選択してみた。「重要な未読メール」と「スター付き」のセクションが上部に表示されている。カテゴリのタブは表示されない。

30 Gmailの管理

複数のメールが
スレッドにまとまるようにしたい

相互に関連性の深いメールは、スレッドとしてまとめられる。同じ件名のメールや返信の「Re:」以降が共通のメールなどは同一スレッドになる。関係のない話題を同じ件名で送ったり、共通の話題なのに件名を変更すると、スレッドが意味を成さなくなって不便なので控えよう。

メールのリストで差出人名の右にカッコ付き数字があるものはスレッドだ。この中には複数のメールが含まれている。なお、スレッド表示のオン／オフは「設定」→「全般」で変更できる。

31 Gmailの管理

アーカイブ機能を
うまく使いこなしたい

アーカイブは受信トレイの表示をスッキリさせるための機能で、一覧からは消えるが削除されたわけではない。アーカイブしたメールは「すべてのメール」で参照できる。

メールをアーカイブするには、上部の「アーカイブ」ボタンをクリック／タップする（❶）。アーカイブしたメールを見るには、左サイドバーで「すべてのメール」をクリック／タップして表示を切り替える。

❶ここをクリック／タップ

32 Gmailの管理

受信トレイの表示形式を細かくカスタマイズしたい

「受信トレイの種類」で選択した表示形式は、さらにカスタマイズすることが可能だ。セクションの表示内容を変更したり、新しいセクションを追加することもできる。

「受信トレイ」の各セクションの右上にある「▼」をクリック／タップするとメニューが表示され（❶）、そのセクションに表示するメールの種類や数などを変更できる。

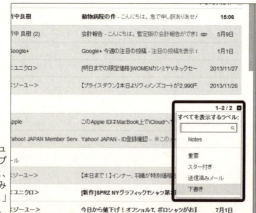

セクションのメニューで「その他のオプション」を選ぶと、「Notes」「送信済みメール」「下書き」なども表示可能だ。

セクションの数を増やしたい場合にはメニューで「セクションを追加」を選ぶ。下部にセクションが追加されたら、そのセクションのメニューで表示内容や件数などを選択しよう。

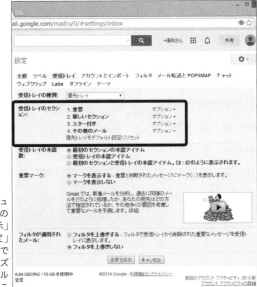

セクションのメニューで「受信トレイの設定をすべて表示」を選ぶと、「設定」画面で一括管理ができる。カスタマイズした設定をデフォルトにリセットすることも可能だ。

33 Gmailの管理

自分が宛先になっているかどうかを簡単に見分けたい

ビジネスやサークル活動などでは同報メールが使われることが多い。自分が宛先になっているかどうかを表示する設定にしておけば、メールの優先順位が一目瞭然になって便利だ。

「設定」メニュー→「設定」→「全般」の「個別インジケータ」で「インジケータを表示」を選択し(❶)、「変更を保存」ボタンをクリック/タップする。

❶ここをクリック/タップ

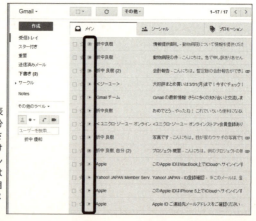

メール一覧や内容表示で「重要」の部分に「>>」が表示されていれば自分だけに送信されたメールだ。「>」の場合は複数の宛先の中に自分が含まれているメールとなる。

234

34 Gmailの管理

重要なメールを見つけやすいように印を付けたい

個々のメールやスレッドには「スター」を付けて目立たせることができる。他のサービスやアプリなどで使われるフラグと似たような機能で、優先表示させることも可能だ。

メール一覧や内容表示画面で「☆」をクリック/タップすると色が変わって「スター付き」になる。左サイドバーで「スター付き」を選んで表示を切り替えれば、まとめて参照できて便利。

35 Gmailの管理

「重要」マークの付いたメールをまとめて確認したい

Gmailのサービスはユーザーの操作などを分析して、そのメールが重要かどうかを総合的に判定している。また、ユーザーが自分で重要だとマークすることも可能だ。重要とマークされたメールは受信トレイやセクションなどで優先表示させることができ、検索時の条件としても使える。

「重要」と判断されたメールは一覧や内容表示画面で横向き5角形が黄色く表示される。左サイドバーで「重要」をクリック/タップして表示を切り替えると、まとめて参照することも可能だ。

36 Gmailの管理

スターの種類を
いろいろ使い分けたい

　スターは通常の黄色い「☆」以外のものも追加できる。用意されているのは6色の「☆」と記号の入った色付きの「□」が6種の計12種類だ。好みのものを好きなだけ使い分けよう。

「設定」メニュー→「設定」→「全般」の「スター」で「スター 4個」または「すべてのスター」をクリック／タップする（❶）。下部の「未使用」のスターからドラッグ＆ドロップすれば、任意のスターも追加できる。

複数のスターを設定している場合、連続してクリック／タップすると種類が切り替わる。すでに付けたスターの種類を変更するには、クリック／タップでいったんオフにしてから連続クリック／タップする。

37 Gmailの管理

大事なメールに自動で「重要」マークを付けたい

重要メールの判断はGmail側が自動的に行っているが、これはユーザー自身の手で学習させることが可能だ。手動で修正していけば、徐々に自動判断が正確になっていくはずだ。

Gmailの自動判定が意に沿わない場合は、自分でクリック/タップして重要のオン/オフを切り替える。以降は学習効果で自動判定の精度が向上していく。

38 Gmailの検索

受信したメールをキーワード検索したい

たくさんのメールの中から目的のものを探し出すには、キーワードで検索するのが簡単だ。Web検索と同様の手順で、複数のキーワードも使えるので素早く見つけ出せる。

ウィンドウの上部にある検索ボックスにキーワードを入力して虫メガネのボタンをクリック/タップすると（❶）、キーワードを含むメールのリストが下部に表示される。

39 Gmailの検索

受信した時期や添付ファイルの有無などで検索したい

メールの検索は「詳細オプション」を設定して絞り込むことができる。膨大な過去メールから目的のものをすばやく探し出すための強力な武器となるので、ぜひとも活用しよう。

検索ボックス右端の「▼」をクリック/タップすると「検索オプション」が表示され、差出人や件名、除外キーワード、添付ファイルの有無などを細かく設定して検索することが可能だ。

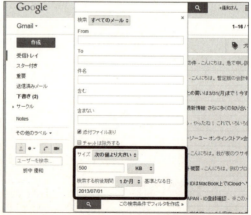

「サイズ」で「次の値より大きい/小さい」を選択して数値を入力すると、バイト数を基準に検索できる。「検索する期間」と「基準となる日」を設定すると、一定の期間内のメールを検索できる。

40 Gmailのラベル
条件を設定して自動的にラベルを付けたい

同種のメールを受信したとき、自動的にラベルを付けられれば便利だ。ここでは、差出人やキーワードなどを詳細検索の条件と同様に設定して、自動処理のフィルタを作ってみよう。

画面上部の検索ボックス右にある「▼」をクリック／タップして検索オプションを表示し、ラベルを付けるための条件を設定してから、右下の「この条件でフィルタを作成」をクリック／タップする(**①**)。

①ここをクリック／タップ

フィルタの設定画面で「ラベルを付ける」にチェックを付け(**②**)、右側のメニューでラベル名を選択してから、下部の「フィルタを作成」をクリック／タップする(**③**)。このとき、既存のメールにフィルタを適用することも可能だ。

②ここを選択

③ここをクリック／タップ

41 Gmailのラベル

相手やタイトルによって
メールを分類したい

メールを自分なりの基準で分類したい場合には、新しいラベルを作成すると便利だ。受信トレイにメールを残したままで、同じラベルのものだけを集めて一覧表示することができる。

左サイドバーで「その他のラベル」をクリックしてから、下部に表示された「新しいラベルを作成」をクリック/タップする（❶）。

ダイアログが表示されるので、上のテキストボックスにわかりやすいラベルの名前を入力してから（❷）、「作成」ボタンをクリック/タップする（❸）。

一覧でメールを選択するか、メールの内容を表示した状態で、上部の「ラベル」をクリック/タップし（❹）、メニューから適切なラベルを選択する（❺）。

左サイドバーでラベルの名称をクリック/タップすると（❻）、そのラベルを付けられたメールだけの一覧が表示される。

42 Gmailのラベル

ラベルが増えてきたので階層化して整理したい

ラベルは関係の深いもの同士をまとめて階層化できる。勤務先の中を部署ごとに分類したり、取引先の担当者を社名でグループ化するような使い方も簡単だ。

左サイドバーで「その他のラベル」をクリック／タップしてから、下部に表示された「ラベルの管理」をクリック／タップする（**❶**）。

❶ここをクリック／タップ

「設定」の「ラベル」画面が表示されるので、下位（子）に階層化したい項目の「編集」をクリック／タップする（**❷**）。上位（親）の階層になるラベルは、あらかじめ作成しておこう。

❷ここをクリック／タップ

ダイアログが表示されたら、「次のラベルの下位にネスト」にチェックを付けてから、下部のメニューで上位（親）の階層となるラベルを選択し（❸）、「保存」ボタンをクリック／タップする（❹）。

左サイドバーで上位（親）の階層のラベルを選択すると、下位に含まれる複数種類のラベルのメールをまとめて一覧表示できる。

メールのテクニックを磨く

43 Gmailのラベル

メールの移動とラベルの違いを知りたい

メールを移動すると元の場所からは消えて移動先にだけ表示される。ファイルをフォルダに移動するのと似た感覚だ。一方のラベルは変更しても元の場所にメールが残り、さらにラベルの一覧にも表示される。通常はラベルで十分だが、スッキリ整理整頓したい場合などには移動を使うといいだろう。

一覧でメールを選択するか、メールの内容を表示した状態で、上部の「移動」をクリック／タップすると、メニューから移動先を選択できる。

44 Gmailの便利な機能

CCに入っている相手にもメールを返信したい

グループのメンバー内で情報共有したい場合には、CCのメールに返信するとき「全員に返信」を選ぼう。他のメンバーにもCCで返信が届くので、「聞いてない」を防げる。

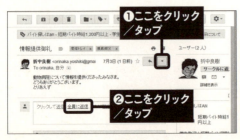

受け取ったメールが表示されている部分の右上の「その他」メニューで「全員に返信」を選ぶか(❶)、下部の返信内容を書き込む部分で「全員に返信」をクリック／タップする(❷)。

45 Gmailの便利な機能

送信したメールを取り消したい

通常、送信したメールは取り消せないが、事前に設定を変更しておけば送信直後の数秒間のみキャンセルが可能になる。致命的な大失敗の前に設定を確認しておこう。

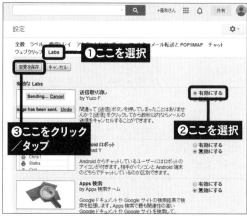

「設定」メニュー→「設定」→「Labs」選択し（**①**）、「送信取り消し」を「有効にする」に切り替えてから（**②**）、「変更を保存」ボタンをクリック/タップする（**③**）。

メールを送信した直後であれば、上部に表示される送信完了のメッセージと一緒に表示される「取消」の部分をクリック/タップすることで（**①**）、送信をキャンセルできる。

46 Gmailの便利な機能

特定の条件に合うメールを自動転送したい

例えば、Gmailに届いた仕事関係のメールを業務用アカウントに自動転送したいような場合、メールアドレスを登録してフィルタを作成すれば簡単・手軽に自動処理できる。

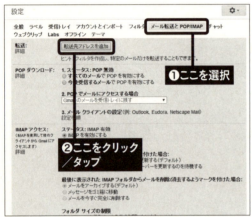

「設定」メニュー→「設定」→「メール転送とPOP/IMAP」を選択し（❶）、「転送」の「転送先アドレスを追加」ボタンをクリック／タップする（❷）。

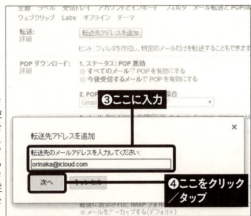

ダイアログが表示されたら、転送先に使うメールアドレスを入力してから（❸）、「次へ」ボタンをクリック／タップする（❹）。あとは表示されるメッセージに従って、認証手続きを進める。

画面上部の検索ボックス右にある「▼」をクリック/タップして検索オプションを表示し、転送するメールを選択するための条件を設定してから(❺)、右下の「この条件でフィルタを作成」をクリック/タップする(❻)。

フィルタの設定画面で「次のアドレスに転送する」にチェックを付け、右側のメニューで転送先を選択してから(❼)、下部の「フィルタを作成」をクリック/タップする(❽)。このとき、既存のメールにフィルタを適用することも可能だ。

47 Gmailの便利な機能

よく使う定型文を簡単にメールに挿入したい

似たような内容のメールを何度も作成する場合は、「返信定型文」の機能を利用しよう。あらかじめ登録しておいた本文がメニューから選べるので作業効率が格段にアップする。

「設定」メニュー→「設定」→「Labs」を選択し、「返信定型文」を「有効にする」に切り替えてから（❶）、「変更を保存」ボタンをクリック／タップする（❷）。

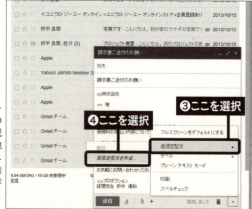

通常の新規メッセージと同様に定型文のメールの内容を作成し、右下の「その他のオプション」メニュー→「返信定型文」→「返信定型文を作成」を選択する（❸、❹）。

ダイアログが表示されるので、わかりやすい名前を設定してから「OK」ボタンをクリック/タップする（❺）。元のメールに件名が入力してあれば、それがあらかじめ定型文の名称として設定されているので簡単だ。

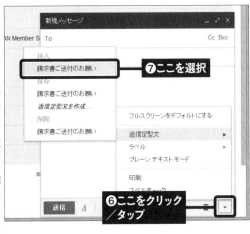

新規メッセージを作成し、右下の「その他のオプション」メニューをクリック/タップして（❻）、「返信定型文」→「挿入」にある先ほど登録した定型文の名称を選択すると（❼）、内容が自動的に入力される。

「重要」マークの付いたメールを先に表示したい

「受信トレイ」で「重要」マークのメールを目立たせるには、「受信トレイの種類」を切り替えるのがベストだ。「重要な未読メール」を先頭にする設定も選べる。

受信トレイの一覧がセクションに分割され、上部に「重要」がマークされたメールが表示される。件数などの設定を変更するには、セクション右上の「▼」のメニューを使用する。

48 Gmailの便利な機能

別のアドレス宛のメールも Gmailにまとめたい

複数のカウントを使っているとメールの確認が面倒だ。そんなときは他のアドレス宛てのメールもGmailで取得できるように設定しよう。元のアカウントに自動転送機能があれば、それを利用してもいい。

「設定」メニュー→「設定」→「アカウントとインポート」を選択し（**①**）、「POP3を使用して他のアカウントのメッセージを確認」の「自分のPOP3メールアカウントを追加」をクリック／タップする（**②**）。

ダイアログが開いたら、Gmailに転送したいメールアドレスを入力して「次のステップ」をクリック／タップ。さらにパスワードやサーバー名などのアカウント情報などを設定し（**③**）、「アカウントを追加」をクリック／タップする（**④**）。指定したアドレス宛てのメールがGmailに自動転送される。

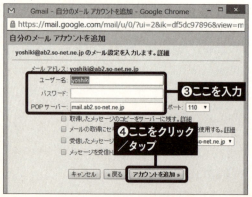

49 Gmailの便利な機能
別のメールアドレスを使ってGmailから送信したい

返信を別のアカウントに送って欲しいような場合は差出人のアドレスを変更することも可能だ。ただし、受信者の環境によっては、差出人詐称の迷惑メールと誤認されることがあるので注意しよう。

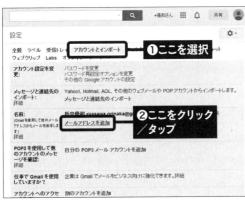

「設定」メニュー→「設定」→「アカウントとインポート」を選択し（❶）、「名前」の「メールアドレスを追加」をクリック／タップする（❷）。ダイアログが表示されるので指示に従ってメールアドレスの登録と確認手続きを行う。

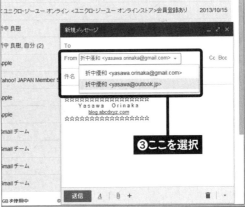

メッセージ作成欄で「From」に表示されるGmailアカウントの右の「▼」をクリック／タップするとメニューが表示されるので、追加登録した別のアドレスを選択する（❸）。

50 Gmailの便利な機能

メールをToDoリストに追加したい

　GmailにはかんたんなToDo管理機能が搭載されており、メールをToDoリストに追加できる。イベント予定や依頼などのメールを登録しておけば、備忘録として役に立つだろう。

一覧でメールを選択するか、メール内容閲覧画面で「その他」メニューから「ToDoリストに追加する」を選択する（❶）。

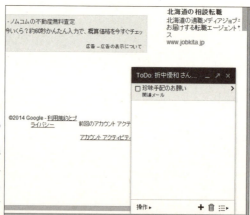

右下に「ToDo」のリストが表示され、先ほどのメールが追加される。「関連メール」をクリック／タップすると、元のメールが表示される。

51 Gmailの便利な機能
ToDoリストのタスクを追加・編集したい

GmailのToDoリストではメールからの登録やチェックだけでなく「+」でタスクを追加したり詳細な内容を書き込んだりできるので、うまく活用すればオマケ以上の価値がある。

画面左上の赤い文字の「Gmail▼」をクリック／タップしてメニューから「ToDoリスト」を選ぶと「ToDo」が表示される。左端をドラッグして順番を入れ替えたり、完了したタスクにチェックを付けられる。それ以外の機能は下部にまとめられている。

各項目右端の「>」をクリック／タップすると、タスクの詳細設定が編集できる。期日やコメントなどを設定しておけば、リストでもわかりやすくなる。

52 Gmailの便利な機能

届いたメールを別の人にも読んだり返信したりしてもらいたい

　自分のGmailは別のGmailユーザーにアクセスを許可できる。子供のアカウントを親がチェックしたり、入院中に家族にメールの確認を依頼するような場合に便利な機能だ。

「設定」メニュー→「設定」→「アカウントとインポート」で「アカウントへのアクセス許可」の「別のアカウントを追加」をクリック/タップする（❶）。ダイアログが表示されたら指示に従ってメールアドレスの入力、許可、承認の手続きを進める。

53 Gmailの便利な機能

Gmailのアカウントが不正アクセスされていないか調べたい

　不正アクセスやアカウント乗っ取りなどの危険を避けるため、定期的にアクセス履歴を確認して不審な動きがないか確かめよう。特に、海外からのアクセスがあったら怪しい！

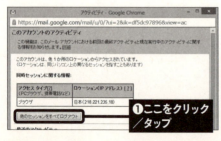

右下の「アカウントアクティビティの詳細」をクリック/タップすると、アクセス履歴が確認できる。不審なアクセスがあったら、「他のセッションをすべてログアウト」をクリック/タップしてからパスワードを変更しよう（❶）。

54 Gmailの便利な機能

外国語のメールを翻訳して読みたい

多くの人にとって外国語のメールは苦痛以外の何者でもない。だが、Gmailなら数秒で日本語に機械翻訳してくれるので、一部が不正確でも大筋の内容は理解できる。

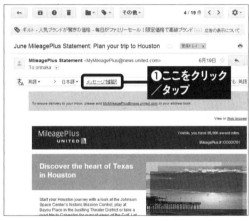

外国語のメール本文の上部にある「メッセージを翻訳」をクリック／タップする(**①**)。左側の言語の設定が間違っている場合には、先にメニューで修正しておこう。

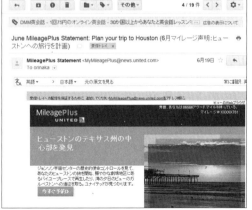

少し待つとメールのテキスト部分が翻訳される。やや不自然な部分もあるが、だいたいの意味は取れる。文字が表示されていても実体がグラフィックの部分は翻訳されない。

Gmailの便利な機能

スマホやタブレットで Gmailを利用したい

スマホやタブレットでもブラウザでWeb版のGmailを利用することが可能だが、それよりもGoogle純正のGmailアプリをインストールしたほうがはるかに便利で使いやすい。

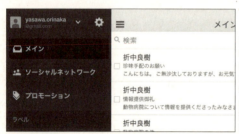

スマホやタブレット用のGmailアプリは複数のアカウントを切り替えながら使える点が便利だ。サイドバーなどの配置は共通なので、操作に迷うことはないだろう。

Gmailのカスタマイズ

デザインを変更して 好みの背景を表示したい

Gmailの画面は背景をカスタマイズできる。単純に色を変更できるだけでなく、写真やイラストなども利用可能だ。季節ごとに雰囲気を変えるなどして楽しもう。

「設定」メニュー→「テーマ」を選択し、表示されたサムネイルから好みのものを選んでクリック／タップする。変更は即座に反映されるので、確認しながら選ぶことができる。

57 Gmailのカスタマイズ

メールアプリのように3ペイン表示にしたい

Web版のGmailでもメールアプリのように一覧と内容を同じ画面の中に分割表示できる。リストをクリック／タップしながら次々とメールの内容を確認することができてスピーディだ。

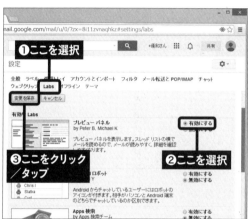

「設定」メニュー→「設定」→「Labs」を選択し（❶）、「プレビューパネル」を「有効にする」に切り替えてから（❷）、「変更を保存」ボタンをクリック／タップする（❸）。

分割表示のオン／オフは、右上の「ウィンドウ分割モードを切り替え」ボタンをクリック／タップして行う（❹）。その右の「▼」のメニューでは「垂直分割」と「水平分割」の切り替えも設定できる。

メールのテクニックを磨く

58 Gmailのカスタマイズ

メールボックスの容量が足りなくなったので追加したい

　Gmailの容量はGoogleドライブや写真など他のサービスと共用なので、まず最初に不要なファイルの削除を検討する。それでも足りなければ追加の容量の購入しよう。

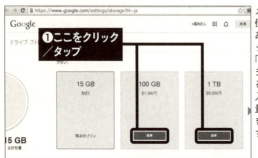

メール一覧の左下の使用状況表示の次にある「管理」をクリック/タップすると「ドライブストレージ」タブが表示される。追加の容量を購入する場合は、各容量の「選択」ボタンをクリック/タップする（❶）。

「Googleウォレットの設定」が表示されたら、クレジットカード番号などの必要事項を入力する。以前に有料アプリなどを購入したことがあれば、設定内容を確認するだけでOKだ。

Chapter. 5
ネット動画を楽しむ

01 動画の検索

キーワードで動画を検索して視聴したい

YouTubeで動画を視聴する場合は、任意のキーワードで検索することが可能だ。表示された検索結果から、好きな動画を選べばすぐにプレーヤー画面で視聴できる。

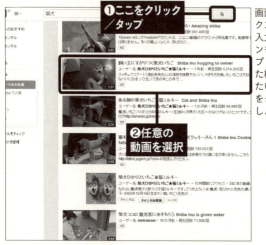

画面上部の検索ボックスにキーワードを入力し、虫眼鏡ボタンをクリック/タップ（❶）。表示された検索結果から、見たい動画のタイトルをクリック/タップしよう（❷）。

選択した動画のページが表示され、プレーヤーで再生される。一部の動画は広告表示後に再生が行われるしくみだ。

02 動画の検索

条件を指定して
検索結果を絞り込みたい

単純なキーワード検索だけでは、ヒットする動画の数が多すぎることもある。そんなときは「フィルタ」機能で動画の条件を指定すれば、検索結果を絞り込むことができて便利だ。アップロード日、時間、特徴などの各条件から指定でき、複数の条件を組み合わせることもできる。

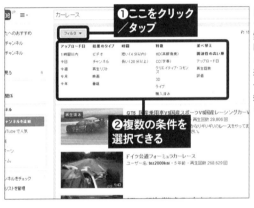

まず通常通りキーワード検索を実行。検索結果画面の上部の「フィルタ」をクリック／タップ（**❶**）。表示されたフィルタ一覧から絞り込みの条件をクリック／タップする（**❷**）。

このように検索結果が絞りこまれて、指定条件に該当する動画のみが表示される（**❸**）。絞り込み条件は複数選択できるのもポイントだ。

03 動画の検索

不適切な動画が表示されないようにしたい

子供などには不適切な動画を表示したくないときは、「セーフモード」を有効に設定すればよい。YouTubeが不適切と判断したコンテンツが非表示になるので安心だ。

画面最下部にある「セーフモード」をクリック／タップ(❶)。設定画面が表示されるので、「オン」を選択して「保存」をクリック／タップすればよい(❷)。

04 動画の再生

動画の再生速度や画質を変更したい

動画の画質や再生速度は設定メニューから変更できる。選択できる再生速度は0.25〜2倍速まで、画質はオリジナル画質を上限として、その範囲内で選択可能だ。

プレーヤーの右下にある歯車アイコンをクリック／タップするとメニューが表示されるので、「速度」もしくは「画質」のプルダウンメニューから数値を選択する(❶)。

05 動画の再生

もっと大きな画面で動画を視聴したい

YouTubeでは通常のプレーヤーサイズのほかに、「シアターモード」と「全画面」の2種類の画面モードを使用することができる。シアターモードは、動画ページ全体の上半分以上に画面が拡大され、全画面ではディスプレイ全面に拡大できる。HDなどの高画質動画を大きな画面で見たい場合に最適だ。

プレーヤー右下にある画面モードの、左のアイコンをクリック/タップするとシアターモード、右のアイコンをクリック/タップすると全画面表示になる（**❶**）。

シアターモードにすると、このように画面上方にプレーヤーが拡大される。低画質の動画を拡大してもあまり意味はないが、高画質動画を見る際には存分に楽しめる。元のサイズに戻すには、再びシアターモードのアイコンをクリック/タップすればよい（**❶**）。

06 動画の再生

ブラウザのウィンドウいっぱいの サイズで再生したい

　YouTubeの動画は、ブラウザのウィンドウ全体に拡大して再生することも可能だ。URLの一部を書き換える操作が必要だが、非常に便利なのでぜひ活用しよう。

まずサイズを変更したい動画の再生ページを表示。ブラウザのURL欄をクリック／タップし、動画URLのうち「watch?」の部分を削除しよう（❶）。「watch?」の削除が終わったら、今度は動画URLのうち「=」の部分を削除しよう（❷）。「=」の削除が終わったら、今度はその場所に「/」を入力する（❸）。あとはそのままEnterキーを押せばよい。

URL変更後にEnterキーを押すと、このようにウィンドウサイズに合わせてプレーヤー画面が拡大される。シアターモードと全画面の中間的な使い方ができそうだ。

07 動画の再生

YouTubeにサインインして利用したい

　ログインしなくても動画の検索や視聴は可能だが、さらにログインすることで再生リストの作成やチャンネル登録、動画のアップロード、リンクの共有など、多彩な機能が使えるようになる。YouTubeの魅力を最大限味わうならログインするのがオススメだ。

YouTubeのトップページの右上もしくは左下にある「ログイン」をクリック／タップ（**❶**）。既存のGoogleアカウントか新規作成してログインできる。

❶ここをクリック／タップ

メニューが表示される

ログインを行うと、画面左端に再生リストやチャンネル登録などの管理用メニューが表示される。これでYouTubeのすべての機能を利用できるようになる。

ネット動画を楽しむ

08 動画の再生

あとで見たい動画をリストに保存しておきたい

　好きな動画がたくさんある場合は、あとでまとめて見たいときもあるだろう。そんなときは「後で見る」機能を使うと便利だ。ワンクリックで専用の再生リストに動画が追加され、気に入った動画を手当たり次第に登録できる。これで時間のあるときにゆっくりと視聴しよう。

プレーヤーの下にある「追加」ボタンをクリック／タップし（❶）、表示されるメニューから「後で見る」をクリック／タップすると(❷)、「後で見る」リストに追加される。

画面左上のメニューボタンをクリック／タップし（❸）、メニューのなかから「後で見る」をクリック／タップ（❹）。登録した動画の一覧が表示されるので、好みのものを選んで動画を視聴することが可能だ。

09 動画の再生

再生開始位置を時間で指定したい

動画のURLの末尾を書き換えることで、再生の開始地点を指定することが可能。再生開始位置は「1m25s」(1分25秒)のように数値で指定できるので非常に便利だ。

動画URLの末尾に再生開始位置を「#t=○m○s」(○分○秒)の形式で入力し、Enterキーを押せばよい。

10 動画の再生

今までに視聴した動画をもう一度再生したい

YouTubeではデフォルトで動画の視聴履歴が記録されるようになっている。履歴は最大10000件まで保存され、過去に見た動画を簡単に見つけて再生できるので上手に活用しよう。

画面左側のメニューから「履歴」をクリック/タップする(❶)。今まで視聴した動画の一覧が表示されるので、また視聴したいタイトルをクリック/タップすればよい。

11 再生リスト

お気に入りの動画を連続再生したい

　動画を集めたいときは「再生リスト」機能を使おう。任意の名称でリストを作成して、好きな動画を登録できる。動画のジャンルごとにリストを作成しておくとわかりやすいのでオススメだ。また、リスト内の動画は連続再生できるので、好きな動画だけをじっくりと楽しめる。

気に入った動画のプレーヤーの下にある「追加」をクリック／タップ（❶）。再生リストの設定画面が表示されるので、任意のリスト名を入力して（❷）、「作成」をクリック／タップしよう（❸）。

作成した再生リストは画面左側のメニューに表示されるので、見たいリストをクリック／タップ（❶）。表示されたリストの「すべて再生」をクリック／タップする（❷）。

このようにリスト内の動画の一覧が右側に表示され（❸）、順番に連続再生が行われる。いちいち個別の動画をクリックする手間がかからないので快適だ。

12 再生リスト

再生リストの動画の再生順序を並び替えたい

再生リスト内の動画は、デフォルトでは手動で並べ替えができるようになっている。さらに、また、人気順や公開日などの条件を指定して並べ替えることも可能だ。

並べ替えたい再生リストを開く。デフォルトでは手動で並べ替える設定になっているので、動画の先頭部分にマウスポインタを合わせ、移動したい位置にドラッグ&ドロップすればよい（❶）。

自動で並べ替えたい場合は、再生リストの上部にある「再生リストの設定」ボタンをクリック/タップ。表示された設定画面の「並べ替え」から公開日や人気順などの条件を選択し（❶）、「保存」をクリック/タップすればよい（❷）。

ネット動画を楽しむ

13 再生リスト

再生リストの公開範囲を変更したい

自分の再生リストを他人には見られたくないときは、公開範囲の設定を「限定公開」もしくは「非公開」に設定しよう。限定公開はメールなどでリンクを教えた相手だけに限定して公開できる。非公開なら自分以外のユーザーには見られない。

公開範囲を設定したい再生リストを開き、「再生リストの設定」→「再生リストのプライバシー」のプルダウンメニューから「限定公開」もしくは「非公開」を選択し(❶)、保存する(❷)。

14 チャンネル

好みの動画を投稿しているユーザーを登録しておきたい

おもしろい動画をたくさん公開している人を見つけたら、「チャンネル登録」してみよう。そのユーザーの新規投稿や更新状況を継続的にチェックできる。登録したチャンネルは画面左側のメニューに一覧表示される。

好みの動画があったら、プレーヤー下のユーザー名の下にある「チャンネル登録」ボタンをクリック/タップ(❶)。これで更新状況を簡単に確認できるようになる。

登録したチャンネルの新規投稿を知りたい

チャンネル登録したユーザーの更新状況をいち早く知りたいときは、メールで通知を受け取ることもできる。必要に応じて通知を受け取る設定に変更しておこう。

画面左側のメニューから「登録リストを管理」を開くと、登録済みのチャンネル一覧が表示される。通知がほしいチャンネルの「アップデート通知を受け取る」にチェックを付けておこう（❶）。

おもしろい動画をメールで友だちに教えたい

YouTubeの動画の共有機能は、SNSだけでなくメールでの送信にも対応している。特定の友人などにオススメの動画をすぐに教えたいときは、かなり重宝するはずだ。

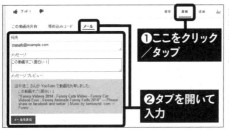

動画ページの右下で「共有」タブを開く（❶）。表示された画面の「メール」タブを開き、「宛先」に送信したい相手のメールアドレス、必要に応じて「メッセージ」にコメントを入力して（❷）、「メールを送信」をクリック／タップすればよい。

17 動画の共有

おもしろい動画を SNSで友だちに教えたい

　YouTubeには主要なSNSと連携して、気に入った動画のリンクを投稿できる機能がある。Twitter、Facebook、Google+など全13種類のSNSに対応しているので、おもしろい動画を見つけたら、手軽にみんなに広めることができる。なお、投稿するには、そのSNSのアカウントが必要になる。

動画の再生ページの下にある「共有」ボタンをクリック／タップし（❶）、「共有」タブを開く。連携可能なSNSのアイコンが表示されるので、投稿先にしたいアイコンをクリック／タップしよう（❷）。

例えばTwitterを選択すると、ツイートの作成画面が表示される。アカウント情報を入力して「ログインしてツイート」をクリック／タップすれば投稿できる。他のSNSに関しても基本的な流れは同様だ。

18 動画の共有

自分のブログに動画を貼り付けたい

YouTubeの共有メニューから埋め込みコードをコピーすれば、簡単にブログに動画を貼り付けることができる。自分の記事に関連する動画などを紹介したい場合は、リンクを貼るよりも直接動画を貼り付けたほうがより多くのアクセス数を見込めるので上手に活用しよう。

動画再生ページの下にある「共有」ボタンをクリック／タップし(**①**)、「埋め込みコード」タブを開く。表示された埋め込みコードを全選択してコピーしよう(**②**)。なお、「動画のサイズ」などで画面サイズの調整もできる。

あとは自分のブログの記事作成画面で、先ほどコピーした埋め込みコードを貼り付ければよい。このように動画が直接貼り付けられ、ブログを訪れた人がダイレクトに視聴できる。

19 動画の共有

日本では再生できない動画を視聴したい

　YouTubeの一部の動画では、さまざまな理由により視聴可能な地域が限定されているものがある。こんなときは、「Prox Free」というサイトを使ってみよう。アクセス元の場所を偽装してくれるので、地域制限を回避して動画を視聴することが可能だ。

まずは視聴が制限されている動画のURLをコピーする。「Prox Free」にアクセスして、入力欄にコピーしたYouTubeの動画URLを貼り付ける（❶）。あとはそのまま「PROXFREE」ボタンをクリック/タップしよう（❷）。

このようにサイト内に、YouTubeの該当動画のページが表示され再生がスタートする。地域制限がある動画はこの方法でアクセスしよう。

Freemake Video Downloader
作者：Ellora Assets Corporation　種別：フリーソフト　URL：http://www.freemake.com/jp/

20 ダウンロード

ニコニコ動画の動画とコメントを同時にダウンロードしたい

ニコニコ動画では、ユーザーが書き込んだコメントが動画の上をテロップのように流れる。このコメントは、実は動画本体とは別のXML形式のファイルになっているため、一般的なダウンロードツールではコメントなしの動画しか入手できない。そこで使ってみたいのが「さきゅばす」だ。動画と同時にコメントのデータもダウンロードし、その2つを合成することで、コメント付き動画として保存できる。

「さきゅばす」のZIPファイルを解凍して適当な場所に保存し、「saccubus」フォルダー内の「Saccubus.exe」をダブルクリック／ダブルタップして起動する（❶）。

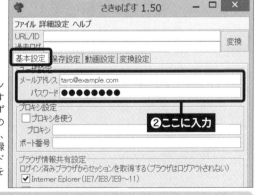

起動したら、ダウンロードと変換に関する設定を行う。まず「基本設定」タブの「ユーザ設定」に、ニコニコ動画に登録しているメールアドレスとパスワードを入力しよう（❷）。

さきゅばす（改造版）
作者：Saccubus Developers Team、PSI、orz　**種別**：フリーソフト　**URL**：http://saccubus.sourceforge.jp/

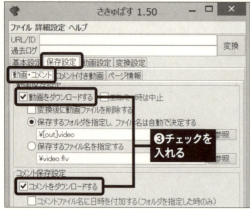

「保存設定」→「動画・コメント」タブで、「動画をダウンロードする」と「コメントをダウンロードする」にチェックが付いていることを確認する（❸）。ファイルの保存場所なども、この画面で設定できる。

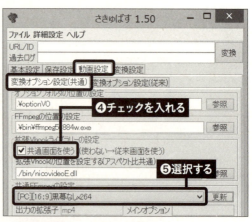

「動画設定」→「変換オプション設定（共通）」タブで「共通画面を使う」にチェックを付け（❹）、「共通FFmpegの設定」で動画の形式を選ぶ。通常は、先頭に「PC」が付くものの中から、動画の解像度に合わせて「16:9」か「3:4」を選択しよう（❺）。設定できたら「更新」をクリック／タップ。

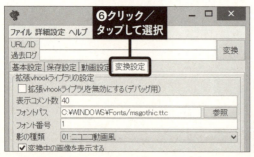

「変換設定」タブでは、同時に表示するコメント数の上限や、フォントの種類、NGワードなどを設定できる（❻）。

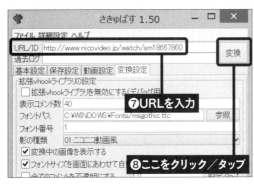

ニコニコ動画からダウンロードしたい動画のページをブラウザで開き、URLをコピーする。そのURLを「さきゅばす」の「URL/ID」にペーストし（**❼**）、「変換」をクリック／タップする（**❽**）。

動画とコメントのファイルがダウンロードされ、続いて変換が実行される。変換中は別ウィンドウでプレビューが表示される。動画の長さやパソコンの性能にもよるが、かなり時間がかかる場合もある。

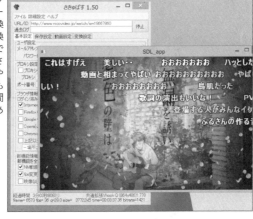

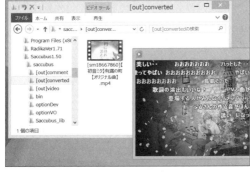

標準の設定では、コメント付きで変換された動画は「saccubus」フォルダ内の「[out] video」フォルダに保存される。プレーヤーで再生して確認してみよう。

ネット動画を楽しむ

21 ダウンロード

WebサービスでYouTubeからダウンロードしたい

ネット上の動画をパソコンに保存する方法はいろいろあるが、いちばん手軽なのがダウンロード支援サービスを利用する方法だ。そのなかでもとくにオススメなのが「Offliberty」だ。対応サイトについては明記されていないが、YouTubeのほか、DailymotionやVimeoなど多数のサイトからダウンロードでき、汎用性はかなり高い。

YouTubeなどにアクセスし、ダウンロードしたい動画のページを開く。ブラウザのアドレスバーをクリック/タップし、Ctrl+「C」キーを押してコピーする。

Offlibertyにアクセスし、トップ画面にある入力欄をクリック/タップして、Ctrl+「V」キーを押す(❶)。URLが貼り付けられたら、その下のボタンをクリック/タップする(❷)。

Offliberty
URL：http://offliberty.com/

URLの解析が開始され、画面に「Wait...」と表示される。しばらく時間がかかるので、そのまま待つ。

解析が完了するとダウンロード用のリンクが生成される。「Video」の下にある「Right-click ～」と書かれた部分を右クリック/ロングタッチし(❸)、「対象をファイルに保存」を選択する(❹)。

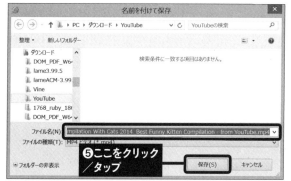

「名前を付けて保存」ダイアログが表示されたら、保存先のフォルダを指定する。ファイル名はそのままでもよいが、長すぎたり、日本語が文字化けしたりすることもあるので、必要に応じて変更しよう。「保存」ボタンをクリック/タップするとダウンロードが実行される(❺)。保存先として指定したフォルダを開き、動画がきちんとダウンロードできているか確認しよう。

22 ダウンロード

YouTubeの再生リストをまるごとダウンロードしたい

　YouTubeには、お気に入りの動画や特定のテーマに沿った動画を集めて「再生リスト」を作る機能がある。この再生リストから動画をまるごと保存できるソフトが「Direct Video Downloader」だ。再生リストのURLを指定すると、登録されている動画が一覧表示され、一括でダウンロードできる。4K動画に対応しているのも特徴だ。

Direct Video Downloaderをインストールしたら、まず、ダウンロードした動画の保存先を設定しよう。「設定」ボタン（歯車型のアイコン）をクリック／タップし（❶）、「ブラウズ」をクリック／タップして（❷）、フォルダを選択する。

ブラウザでYouTubeの再生リストを開いて「共有」をクリック／タップし（❸）、表示されるURLをコピーする。または、アドレスバーからURLをコピーしてもよい（❹）。

Direct Video Downloader
作者：Major Share　種別：フリーソフト　URL：http://www.majorshare.com/

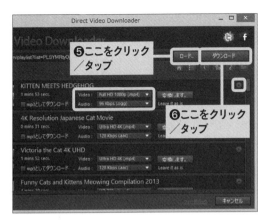

❺ここをクリック／タップ

❻ここをクリック／タップ

コピーしたURLが自動的に貼り付けられ、「ロード」をクリック／タップすると（❺）再生リスト内の動画が読み込まれる。除外したい動画がある場合は、右上の「×」をクリック／タップ。「Video」と「Audio」で形式や品質を選択し、「ダウンロード」をクリック／タップする（❻）。

ダウンロードが開始され、進行状況が表示される。完了したものから順に画面から非表示になる。すべてダウンロードできたら、保存先のフォルダを開いて動画を確認しよう。

動画が4Kに対応しているかどうかを調べる

YouTubeでは、ひとつの動画に対して複数の画質（解像度）が用意されている。どの解像度に対応しているかは、それぞれの動画の再生画面で確認可能だ。4Kに対応している動画を見つけたら、ぜひこのページで紹介したソフトでダウンロードしてみよう。

動画の再生画面で、プレーヤーの右下にある歯車アイコンをクリックし、「画質」のメニューを表示。このなかに「4K」と付くものがあるかどうかを確認しよう。

ネット動画を楽しむ

23 ダウンロード

「Craving Explorer」の設定を実行したい

　国産の動画ダウンロードツールとして、根強い人気を誇るのが「Craving Explorer」。ブラウザ機能を内蔵しており、動画の検索から再生、ダウンロードまで、すべての作業を行えるのが特徴だ。対応するサイトはYouTube、ニコニコ動画、Dailymotionのみだが、サイトスクリプトを追加して、対応サイトを増やすことも可能だ。

　インストールしたら、まずは基本的な動作方法を設定しておこう。ニコニコ動画をよく利用する場合、アカウントを登録しておけば、毎回ログインする手間が省けて便利だ。

動画をダウンロードする前に、各種設定を行う。まずはツールバーの「Craving Explorerオプション」ボタンをクリック/タップし（❶）、「Craving Explorerオプション」ダイアログを表示する。

「ニコニコ動画」タブで「起動時に自動的にログインする」にチェックを付け、「メールアドレス」と「パスワード」を入力する（❷）。この設定はCraving Explorerを再起動すると反映される。

Craving Explorer
作者：T-Craft　種別：フリーソフト　URL：http://www.crav-ing.com/

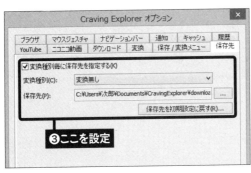

「保存先」タブでは、ファイルの保存先が設定できる。「変換種別毎に保存先を指定する」にチェックを付けると、変換種別にフォルダを自動生成して動画を分類できる。なお、チェックを外すとすべての動画ファイルが同じフォルダに保存される（❸）。

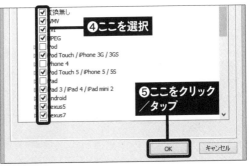

携帯端末向けに動画を変換したいときは、「保存／変換メニュー」タブをクリック／タップして変換したい端末名にチェックを付ける（❹）。すべての設定が済んだら「OK」をクリック／タップする（❺）。

ダウンロードできる動画サイトを追加する

サイトスクリプトとは、動画共有サイトに関するデータをCraving Explorerに追加し、ダウンロード可能にするためのプログラムだ。

まずはCraving Explorerで、「Dark Knight Labs」や「サイトスクリプトwiki」にアクセス。設置されている「スクリプトをインストール」をクリック／タップすると「Site Scriptのインストール」ダイアログが表示されるので、「インストール」をクリック／タップしてスクリプトをインストールする。

該当する動画サイトにアクセスすると、ツールバーの「動画のダウンロード」アイコンがクリック可能となる。そこで変換形式を選ぶと動画をダウンロードできるようになる。

ネット動画を楽しむ

283

24 ダウンロード

「Craving Explorer」で動画を検索してダウンロードしたい

　「Claving Explorer」にはブラウザ機能が内蔵され、好みのサイトから動画を探してダウンロードできる。主要な動画サイトはソフトに登録されており、そこからサイトを選んで検索をかけられる。キーワードを検索ボックスに入力し、ヒットした動画から好みのものを選んで「動画を保存」をクリック／タップするだけでダウンロード可能だ。

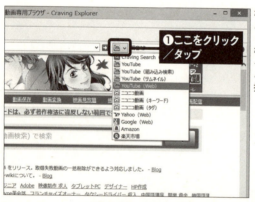

検索ボックスの左にあるアイコンをクリック／タップし(❶)、検索対象にしたいサイトを選択する。ここではYouTubeを選択した。

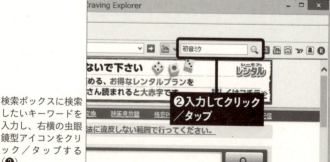

検索ボックスに検索したいキーワードを入力し、右横の虫眼鏡型アイコンをクリック／タップする(❷)。

284

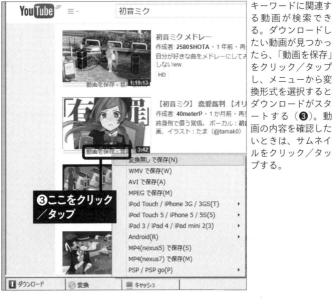

キーワードに関連する動画が検索できる。ダウンロードしたい動画が見つかったら、「動画を保存」をクリック／タップし、メニューから変換形式を選択するとダウンロードがスタートする（❸）。動画の内容を確認したいときは、サムネイルをクリック／タップする。

動画再生画面では、動画下部に表示される「動画を保存」をクリック／タップすることで動画のダウンロードが可能だ（❹）。メニューから変換形式を選択して動画をダウンロードしよう。

ネット動画を楽しむ

25 ダウンロード

「Freemake Video Downloader」で動画を入手したい

　Windowsで動画をダウンロードするためのソフトはいろいろあるが、その中でもオススメなのが「Freemake Video Downloader」だ。YouTubeはもちろん、ニコニコ動画、Daily motion、Facebookなど、1万以上ものサイトに対応している。操作方法も簡単で、URLを貼り付けるだけで手軽に動画を保存できる。海外製ソフトだが、標準で日本語に対応しているので使いやすい。

使用状況データや障害レポートを開発元に自動送信するかどうかを設定する。このデータに個人情報は含まれないとされているが、オフにしておいたほうが安心だ。

インストール方法の選択画面で「エクスプレス（お勧め）」を選択すると、不要なソフトをインストールされたり、ブラウザの起動時に表示されるホームページを変更されたりする。必ず「カスタムインストール（上級）」を選択し（❶）、その下のチェックを外して「次へ」をクリック／タップしよう（❷）。

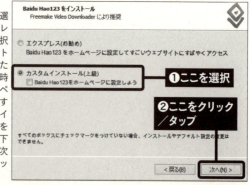

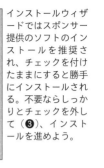

インストールウィザードではスポンサー提供のソフトのインストールを推奨され、チェックを付けたままにすると勝手にインストールされる。不要ならしっかりとチェックを外して（❸）、インストールを進めよう。

インストール完了後に起動し、メイン画面左下の「オプション」ボタンをクリック／タップすると、各種設定が可能。ニコニコ動画などを利用する場合は、「アカウント」タブでログイン情報を設定しておこう。

ブラウザで動画共有サイトにアクセスし、ダウンロードしたい動画のページを開いて、アドレスバーからURLをコピーする（❹）。

Freemake Video Downloader
作者：Ellora Assets Corporation　種別：フリーソフト　URL：http://www.freemake.com

「Freemake Video Downloader」を起動し、メイン画面の左上にある「URLを貼り付ける」ボタンをクリック/タップする（❺）。

動画の形式や品質を選択する。通常は、「MP4」と付くもの（ない場合は「FLV」）の中で一番上にあるものを選ぼう（❻）。次に、アクションの一覧で「ダウンロードする」を選択し（❼）、出力フォルダを指定して（❽）、「ダウンロード」をクリック/タップする（❾）。

ダウンロードが開始され、進捗状況が表示される。実行中に別の動画のURLを貼り付けて、同時にダウンロードすることも可能。完了後に「フォルダ内の表示」をクリック/タップすると（❿）、保存先のフォルダを開いて動画を確認できる。

26 ダウンロード

「4K Video Downloader」で 4K動画をダウンロードしたい

4Kとは、4000×2000ピクセル程度の解像度を持つ映像の総称で、フルHDを大きく上回る高画質な動画として注目されている。そこでオススメなのが「4K Video Downloader」。ブラウザからコピーしたURLを貼り付けるだけの簡単操作で、手軽に4K動画を保存できる。

ブラウザでYouTubeにアクセスしてダウンロードしたい動画のページを開き、アドレスバーからURLをコピーする。「4K Video Downloader」を起動し、「Urlを貼り付け」をクリック/タップ。動画の解析が行われるので、完了するまで待つ。

ダウンロードが開始され、進行状況が表示される。実行中に別の動画を追加し、同時にダウンロードすることも可能。リストにマウスポインタを合わせて「停止」をクリック/タップすれば一時停止、その上の赤いボタンをクリック/タップすればキャンセルできる。

4K Video Downloader
配布元：OpenMedia LLC. 種別：フリーソフト URL：http://www.4kdownload.com/ja/

27 ダウンロード

「TokyoLoader」の設定を実行したい

「TokyoLoader」は、ブラウザと連携して動作する動画ダウンロードツールだ。起動中は、ブラウザでアクセスした動画再生ページにダウンロード用アイコンが表示され、クリック／タップするだけで簡単に動画を入手できる。対応する動画共有サイトも豊富で、YouTube、ニコニコ動画、Dailymotionなど、100以上のサイトを網羅。

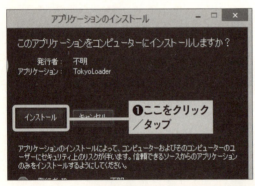

インストーラを起動し、「インストール」ボタンをクリック／タップ（❶）。続いて表示される画面で「続行」をクリック／タップする。

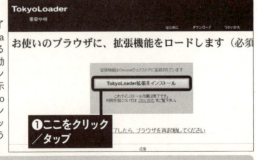

インストールが完了したら、「TokyoLoader」を起動。するとブラウザが起動し、機能拡張のインストール画面が表示されるので「TokyoLoader拡張をインストール」をクリック／タップしよう（❶）。

TokyoLoader
配布元：tokyoloader　種別：フリーソフト　URL：http://tokyoloader.com/

28 ダウンロード

「TokyoLoader」で動画をダウンロードしたい

「TokyoLoader」を使って動画をダウンロードするには動画サイトへアクセスし、好みの動画を再生すると、画面右下にダウンロードをできることを示すアイコンが表示される。そのアイコンをクリック／タップすると別ウィンドウが開いてダウンロードが始まり、ダウンロードの状況がわかるようになっている。そのウィンドウからダウンロードした動画を再生可能だ。

ブラウザでYouTubeやニコニコ動画などにアクセスし、動画の再生ページを開く。すると、ウィンドウの右下に「ダウンロードできます」という文字とアイコンが表示されるので、これをクリック／タップする（❶）。

デスクトップに一瞬だけ「ダウンロード」の文字と矢印が表示され、ウィンドウ内の表示が「ダウンロード中です」に変わる（❷）。なお、この表示はダウンロードが完了しても変わらない。標準の設定では、「マイドキュメント」内の「TokyoLoader」フォルダに動画が保存される。

ネット動画を楽しむ

29 ダウンロード

Dailymotionから動画をダウンロードしたい

「Dailymotion」はフランスの動画共有サイト。海外サイトながら日本語表示に対応しており、日本のユーザーが投稿した動画も充実している。ここでは「ClipGrab」のWindows版で手順を説明するが、「Freemake Video Downloader」や「Craving Explorer」などでもダウンロード可能だ。

「ClipGrab」を起動した状態で、ブラウザから動画ページのURLをコピー(❶)。タスクトレイに「ClipGrab：クリップボードに動画が見つかりました」と表示されるので、それをクリック/タップする(❷)。

「ClipGrab」の「ダウンロード」タブに、コピーしたURLが貼り付けられる。無変換でダウンロードしたい場合は「フォーマット」で「オリジナル」を選ぶ。「画質」はリストの上段にあるものほど高画質なのでオススメだ。設定できたら「ダウンロードする！」をクリック/タップしよう。

Dailymotion
URL：http://www.dailymotion.com/jp

ClipGrab
作者：Philipp Schmieder　種別：フリーソフト　URL：http://clipgrab.de/ja

30 ダウンロード

Youkuの視聴制限を Chromeで突破したい

　Youkuは中国産の動画共有サイトで、日本国内では見られないような動画のラインアップを揃えているのが特徴だ。しかし、日本からのアクセスをブロックしており、動画の再生に制限がかけられることがある。そこで便利なのが、Chromeの拡張機能「Unblock Youku」だ。インストールするだけでブロックを解除することができ、標準ではアクセスできない動画を再生させることができる。

Youkuの機能拡張のページにアクセスし、「無料」をクリック／タップする。「新しい拡張機能の確認」が表示されたら、「追加」をクリック／タップする（❶）。

❶ここをクリック／タップ

通常は再生を制限されてしまう動画が再生可能となる。なお、すべての動画が再生できるわけではない。ツールバーに表示される「Unblock Youku」のアイコンをクリック／タップすると、動作モードを「コンパクトモード」「通常モード」から選択できる。状況に応じて使い分けよう。

Unblock Youku（Chrome版）
作者：不詳　**種別**：Chrome用アドオン　**URL**：https://chrome.google.com/webstore/search/unblock%20youku?hl=ja

31 ダウンロード

Youkuの動画をダウンロードしたい

視聴制限を気にせずにYoukuの動画を視聴したい場合は、パソコンにダウンロードすればよい。ダウンロード手段はいくつかあるが、Webサービス型のダウンローダー「YoukuXia」を利用する方法が手軽だ。URLを入力して「Fetch Video」をクリック/タップするだけの簡単手順で動画がダウンロードできる。画質ごとにダウンロードリンクが表示されるので、好みの画質を選んでダウンロードできるのも魅力だ。

「YoukuXia」にアクセスしたら、URLボックスに動画のURLを貼り付けて「Fetch Video」をクリック/タップする(❶)。

動画のダウンロードリンクが一覧表示されるので、任意のリンクを右クリック/ロングタッチして「対象をファイルに保存」を選択する(❷)。FLV形式とMP4形式が用意されていることが多いが、MP4のほうがオススメだ。

「名前を付けて保存」ダイアログが表示されたら、保存先を指定して「保存」をクリック/タップする（❸）。

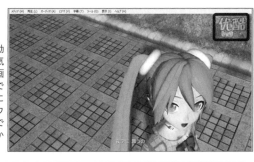

ダウンロードした動画は、視聴制限を気にせず何度でも動画再生ソフトで再生できる。画面の右上には、Youkuからダウンロードした動画であることを示す透かしが入っている。

検索サービスを使って見たい動画を効率よく探す

見たい動画はたくさんあるのに、どのサイトで探せばいいかわからないときもあるだろう。やみくもにあちこちの動画サイトを巡回するのは、それだけで疲れてしまうはずだ。そんなときにオススメしたいのが、動画検索サービスの利用だ。複数の動画サイトを一括で横断検索できるので、お目当ての動画がどのサイトにあるか簡単に調べることができるのだ。

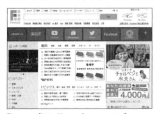

Fooooo（http://www.fooooo.com/）

まいつべ（http://www.mytube.to/）

32 ダウンロード

PANDORA.TVの動画をダウンロードしたい

「PANDORA.TV」は韓国発祥の動画サイト。韓国や日本のエンタメ系動画が非常に充実しているのが特徴で、ユーザーからの人気も絶大。運営も歴史が長いので、老舗ならではの信頼感がある。PANDORA.TVの動画をダウンロードするには、「Free Pandora Downloader」というソフトを使う。PANDORA.TVに特化しており、動画はFLV形式でダウンロードされる仕組みだ。

Free Pandora Downloaderをインストール後、ブラウザでPANDORA.TVにアクセスし、ダウンロードしたい動画の再生ページを開いて、URLをコピーする(❶)。

Free Pandora Downloaderの「Download link」欄に先ほどの動画URLを貼り付け、「Add link」をクリック/タップ(❶)。画面が変わったら、動画品質と保存先を指定し、「SAVE」をクリック/タップすれば(❷)、ダウンロードが始まる。

PANDORA.TV
URL：http://www.pandora.tv/

Free Pandora Downloader
作者：SneakyStreams.com　種別：フリーソフト　URL：http://www.sneakystreams.com/

33 ダウンロード

ひまわり動画から動画をダウンロードしたい

「ひまわり動画」は、FC2が運営する動画共有サイトだ。寄生型と呼ばれるタイプのサイトで、YouTubeをはじめとする外部のサイトから動画データを取得して、検索・視聴できるしくみになっている。

ひまわり動画からダウンロードするには、286ページでも紹介した「Freemake Video Downloader」を使おう。動画ページのURLを貼り付けるだけで、簡単にダウンロードできる。

ブラウザでひまわり動画にアクセスし、ダウンロードしたい動画の再生ページのURLをコピーする(**①**)。

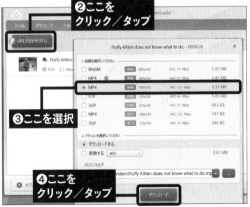

「Freemake Video Downloader」を起動して「URLを貼り付ける」をクリック/タップ(**②**)。表示されるダイアログで動画の品質を選択し(**③**)、保存先のフォルダを選択して「ダウンロード」をクリック/タップする(**④**)。

ひまわり動画
URL: http://himado.in/

Freemake Video Downloader
作者: Ellora Assets Corporation　種別: フリーソフト　URL: http://www.freemake.com/jp/

34 ダウンロード

Anitubeから動画をダウンロードしたい

　動画はほとんどアニメしか見ないという人もいるだろう。そんな世界中のアニメファン御用達の動画サイトが「AniTube」だ。日本語の表示に対応していないため、動画を検索する場合はローマ字で行おう。

　このAniTubeから合法動画をダウンロードするには、「Video DownloadHelper」が便利だ。Firefoxのアドオンとして動作し、ツールバーから呼び出して簡単にダウンロードできる。

Firefoxを起動し、メニューから「アドオン」を選択。「Video DownloadHelper」と検索して、「インストール」をクリック/タップ（**❶**）。

アドオン導入後にFirefoxを再起動。ツールバーの「Video DownloadHelper」のアイコンを右クリック/ロングタッチして（**❷**）、「設定」を選択（**❸**）。

AniTube
URL：http://www.anitube.se/

Video DownloadHelper
配布元：downloadhelper.net　種別：フリーソフト　URL：http://www.downloadhelper.net/

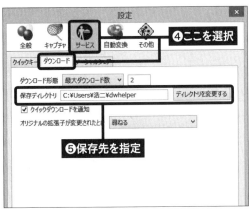

「サービス」→「ダウンロード」タブを開き（④）、「保存ディレクトリ」の横にある「ディレクトリを変更する」から動画の保存先を指定しよう（⑤）。

ダウンロードしたいAniTubeの動画再生ページを開き、アイコン右側の矢印ボタンをクリック／タップ（⑥）。表示されたファイル名を選択し、「クイックダウンロード」を選択（⑦）。

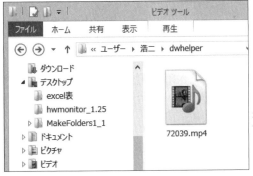

ダウンロードが完了したら、指定した保存先のフォルダを確認。MP4形式のファイルとして保存されているのがわかる。

35 ダウンロード

Facebookから動画をダウンロードしたい

　SNSの中でも圧倒的な人気を誇るFacebook（https://www.facebook.com/）は、テキストや写真だけでなく動画をアップロードできる機能もある。友達が公開している動画を保存して、いつでも見られるようにしたいと思うこともあるだろう。そんなときに役立つのが、Facebook専用のダウンロードツール「MassFaces」だ。掲載ページのURLをコピーして貼り付けるだけで、簡単に動画を入手できる。

メイン画面右上の人物アイコンをクリック／タップし、Facebookに登録しているメールアドレスとパスワードを入力（**❶**）。次回から入力を省略したい場合は「Remenber account address」にチェックを付け、「Log In」をクリック／タップする（**❷**）。

ブラウザでFacebookにアクセスして動画のページを開き、アドレスバーからURLをコピーする（**❸**）。

「MassFaces」のメイン画面上部にある入力欄に、コピーしたURLをペーストし（**❹**）、右側にある虫眼鏡アイコンをクリック／タップする。

MassFaces
作者：Havy Alegria　種別：フリーソフト　URL：http://www.havysoft.cl/

動画のサムネイルやタイトルが表示される。先頭にビデオカメラのアイコンが付いているのが動画ファイルなので、入手したいものをクリック／タップ（❺）。動画によっては複数の画質から選べるが、「High Definition」（HD画質）がオススメだ。

ダウンロードが開始され、進行状況を示すダイアログが表示される。完了するまで、しばらく待とう。

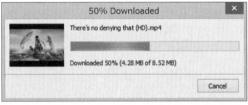

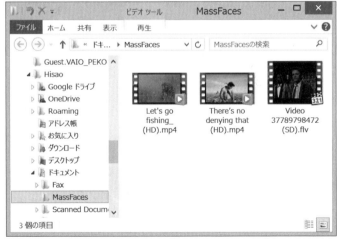

標準の設定では「ドキュメント」内の「MassFaces」フォルダ内に、MP4またはFLV形式で動画ファイルが保存される。

36 ダウンロード

Vineから動画をダウンロードしたい

「Vine」（https://vine.co/）は、Twitter傘下の動画SNS。スマートフォンなどで撮影した最大6秒間のショートムービーを投稿して共有できる。公開した動画はループ再生されるしくみで、その特徴を活かしたユニークな作品が多数アップロードされている。このVineから動画をダウンロードするためのサービスが「Vine Downloader」だ。

ブラウザでVineにアクセスする。ダウンロードしたい動画を見つけたら、右上のアイコンをクリック／タップして（❶）、「View post page」を選択する（❷）。

動画が公開されているページが表示されるので、アドレスバーからURLを選択してコピーする（❸）。

Vine Downloader
URL：http://www.vinedownloader.com/

「Vine Downloader」にアクセスし、コピーしたURLをペーストして(❹)、「Download」をクリック/タップする(❺)。

動画の再生画面が表示されたら、右クリック/ロングタッチして「名前を付けてビデオを保存」を選択する(❻)。このあと「名前を付けて保存」ダイアログが表示されるので、保存先のフォルダを指定して「保存」をクリック/タップしよう。なお、右図の画面で動画の下にある「Download」をクリック/タップすると、うまくダウンロードできないので注意。

Instagramの動画をダウンロードする

「Instagram」(http://instagram.com/)は、スマートフォンで撮影した写真を独特のフィルタで加工して共有できるSNS。静止画だけでなく、最大15秒間のショートムービーにも対応している。このムービーをダウンロードするには、「DreDown」というサービスが便利だ。なお、FacebookやVine、YouTubeなどの動画もダウンロードできる。

DreDown
URL : http://www.dredown.com/

37 ダウンロード

ダウンロードした動画をパソコンで再生したい

動画共有サイトでは、FLVやMP4などさまざまなファイル形式が採用されており、使われているコーデックの種類も多岐にわたる。そのため、「Windows Media Player」などでは動画が再生できないことも。ここで紹介するコーデック内蔵のプレーヤーは、もっと多機能で操作性に優れているため、ファイルの形式を気にせずに豊富な種類の動画を再生できる。

多数のコーデックを内蔵した高機能なプレーヤー。パソコンで扱われる動画形式のほとんどに対応し、ネット上の動画やDVDの再生も可能だ。画質や音質を細かく調整できるエフェクト機能や、登録した動画を連続再生できるプレイリスト機能などを搭載。Windows版のほか、Mac版やLinux版もある。

VLC media player
作者：The VideoLAN team　種別：フリーソフト　URL：http://www.videolan.org/

動作の軽いプレーヤーを探している人にオススメ。外観は昔のWindows Media Playerに似ているが、それよりもずっと多機能だ。動画の好きな部分を拡大して再生できる「パン＆スキャン」機能や、よく見る動画をお気に入りに登録できる機能などが便利。DVDの再生にも対応している。

Media Player Classic - Home Cinema
作者：MPC-HC Team　種別：フリーソフト　URL：http://mpc-hc.org/

Mac用のプレーヤーとして人気の高いソフト。QuickTime Player風のデザインや、トラックパッドのマルチタッチジェスチャーによる操作など、Macに最適化されたインターフェイスが特徴だ。なお、Mac App Storeで公開されているものはバージョンが古いため、作者のサイトから入手しよう。

MplayerX
作者：Zongyao Qu　種別：フリーソフト　URL：http://mplayerx.org/

パソコンにダウンロードした動画の管理に最適なソフト。登録したフォルダを常時監視し、新しい動画が見つかると自動的にリストへ追加して、サムネイル付きで表示してくれる。動画に5段階のスターやタグ（キーワード）を付けて整理しておけば、見たいときにすばやく探し出すことが可能だ。

ホワイトブラウザ
作者：268@Gt　種別：フリーソフト　URL：http://www12.atwiki.jp/whitebrowser/

38 動画の変換

動画を別の形式に変換したい

「XMedia Recode」は高機能な動画変換ソフト。プロファイルが大量に用意されており、スマートフォンやタブレット用の動画も難しい設定なしで作成できるのが強み。コーデックやビットレートなどをカスタマイズできるほか、動画のクロップやトリミングにも対応しており、上級者でも満足できるはずだ。

XMedia Recode
作者：Sebastian Dorfler　種別：フリーソフト　URL：http://www.xmedia-recode.de/download.html

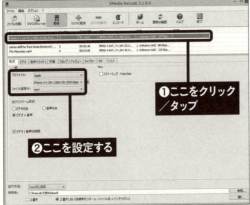

まずは変換したい動画をドラッグ&ドロップして登録する。変換設定は、登録した動画を選択し（❶）、「形式」タブをクリック／タップしてプロファイルと拡張子を選択すればよい。所有するスマホのプロファイルが見当たらない場合は、「Apple」の「iPhone 4」や「iPhone 5」を選択しておけば基本的には問題ない（❷）。

変換設定が完了したら、一覧から動画を選択して「リストに追加」をクリック／タップする（❸）。これでエンコードリストに追加されるので、あとは「エンコード」をクリック／タップして（❹）変換を実行する。なお、画面下の「保存先」で保存先フォルダーが変更できる。

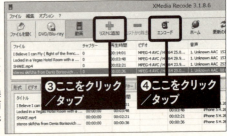

パソコンをもっと便利に使う

PDF

渡した文書を勝手に改変されないようにしたい

　手順書や説明書など、内容を変更してもらいたくない書類を渡す場合は、PDFファイルにして渡すようにしよう。プリントをFAXでやりとりすると、その文書はスキャナーでデータにしないとパソコンで管理するのに不便だ。PDFならファイルサイズが小さく、メールに添付することもできる。

　PDFファイルは、無料配布されているアドビシステムズのアドビリーダーで簡単に閲覧可能だ。なので、受信者のパソコンにWordやExcel、PowerPointがインストールされていなくても問題ない。

WordやExcelで作成した文書もPDFへ変換することが可能だ。PDFにした文書は「Acrobat Reader DC」を使うことで閲覧可能になる。編集機能は付いていないが、注釈などを加えることができる。

02 PDF

WordやExcelから PDFを作成したい

WordやExcelでは「エクスポート」機能で文書をPDFファイルに変換できる。Wordで文書をPDFファイルに変換する手順は下図のとおりで、Excelの場合も同様の手順でPDFファイルに変換できる。PDFファイルを作成したら内容を確認して渡すようにしよう。

文書をPDF形式で渡すよう求められる機会も多いので、頼まれたらさっと渡せるように変換方法を覚えておこう。

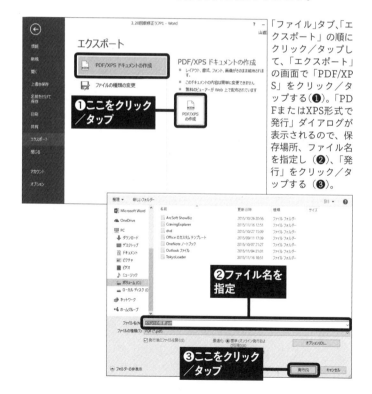

「ファイル」タブ、「エクスポート」の順にクリック/タップして、「エクスポート」の画面で「PDF/XPS」をクリック/タップする(❶)。「PDFまたはXPS形式で発行」ダイアログが表示されるので、保存場所、ファイル名を指定し(❷)、「発行」をクリック/タップする(❸)。

03 PDF

PDFをWord文書に変換したい

ビジネス文書のやりとりにおいては、WordやExcel文書のほかに、PDFを編集する必要に迫られるケースもある。WordでPDFを開いて、元のレイアウトが崩れなければそのまま編集するのが楽な方法だ。ただし、画像が多い場合や、Wordにはない機能で加工を施してある場合は正しく再現できないこともある。このような場合は、Wordや「Adobe Acrobat DC Pro」でファイル形式を変換してから編集するとよい。

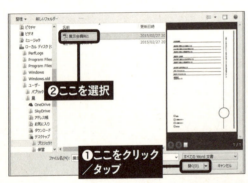

Adobe Acrobat DC Proを起ち上げたら、「ファイル」→「開く」をクリック/タップし(❶)、ダイアログで目的のPDFファイルを選ぶ(❷)。「開く」をクリック/タップすると、文書が表示される。

メニューバー右側の「ツール」をクリック/タップして(❸)、「ファイルを書き出し」をクリック/タップすると(❹)、表示されるリストから「Microsoft Word文書」を選択する。表示される「名前を付けて保存」ダイアログで保存先のフォルダ、ファイル名を指定して「保存」をクリック/タップするとWordに変換される。

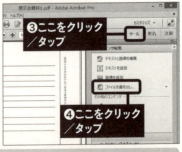

Adobe Acrobat DC Pro(体験版あり/有料)
配布元:アドビシステムズ **URL**:http://www.adobe.com/ja-jp/free-trial-download.html

PDFに注釈を付けて相手と意見交換したい

相手と文書について意見交換するとき、プリントに書き込んだものをFAXで送る方法はある。だが、メールをやりとりする場合、相手の合意が得られればPDFに注釈を付けて送り、相手にも注釈を付けて戻してもらうと管理しやすくなる。

メニューバーで「注釈」をクリック/タップし（❶）、「注釈」一覧から「ノート注釈を追加」ツールを選択する（❷）。注釈を付ける位置をクリック/タップすると、テキストボックスが表示されるので、注釈を入力する（❸）。

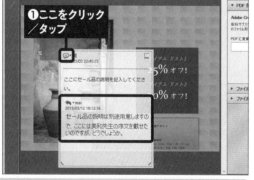

注釈左上のアイコンをクリック/タップして（❶）「返信」を選ぶと返事を書き込める。

Adobe Reader DC
配布元：アドビシステムズ　**種別**：フリーソフト　**URL**：http://get.adobe.com/jp/reader/

05 PDF

PDFの結合・分割を無料で実行したい

多くのPDFファイルを扱うようになると、先方に渡すためにPDFファイルを結合してまとめる必要も出てくる。また、分割したほうが都合がよいケースもある。このようなときには、Adobe Acrobat DC Proを購入する方法もあるが、フリーソフトの「pdf_as」ならこれらを手軽に行える。

pdf_asでPDFファイルを結合する

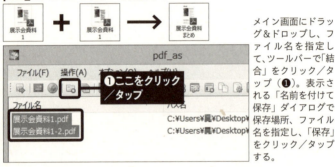

メイン画面にドラッグ&ドロップし、ファイル名を指定して、ツールバーで「結合」をクリック/タップ(❶)。表示される「名前を付けて保存」ダイアログで保存場所、ファイル名を指定し、「保存」をクリック/タップする。

pdf_asでPDFファイルを分割する

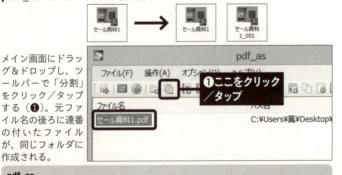

メイン画面にドラッグ&ドロップし、ツールバーで「分割」をクリック/タップする(❶)。元ファイル名の後ろに連番の付いたファイルが、同じフォルダに作成される。

pdf_as
作者:うちじゅう 種別:フリーソフト URL: http://uchijyu.s601.xrea.com/file.htm

06 エクスプローラー拡張

エクスプローラーに タブ機能を追加したい

「Clover」を使えば、エクスプローラーにGoogle Chrome風のタブ機能を追加できる。タブはドラッグ&ドロップで直感的に操作でき、タブの切り離しや別のウィンドウへの結合も可能だ。右クリックメニューからは、タブを固定したりタブをすべて閉じるなどの操作もできる。

タブが表示される

フォルダーを開くと自動的にCloverが起動する。タブは画面上部に追加され、クリックすることで表示を切り替えることができる。

Clover
作者:EJIE Technology　種別:フリーソフト　URL:http://ejie.me/

07 エクスプローラー拡張

エクスプローラーで縮小表示できる画像の種類を増やしたい

標準ではサムネイルが表示されない形式の画像フォーマットでも、「SageThumbs」を導入すれば表示が可能となる。160種類以上の画像フォーマットに対応しており、サムネイルに拡張子アイコンをオーバーレイ表示させるなどの機能も備える。

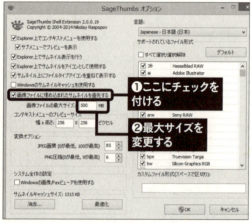

標準のままでは一部の画像フォーマットのサムネイルが表示されない場合があるので、アプリ画面で「SageThumbs Options」を起動して「画像ファイルに埋め込まれたサムネイルを優先する」にチェックを付け（❶）、「画像ファイルの最大サイズ」を大きめの数値（ここでは500MBとした）に変更する（❷）。

さまざまな画像フォーマットでサムネイルが表示できるようになる。

SageThumbs
作者：Nikolay Raspopov　種別：フリーソフト　URL：https://code.google.com/p/sagethumbs/

08 エクスプローラー拡張

エクスプローラーでフォルダーのサイズを簡単に確認したい

通常、エクスプローラー上にフォルダーのサイズは表示されないため、確認したい場合はプロパティを表示する必要がある。しかし、「Folder Size」を使えば自動的にフォルダーサイズ一覧が表示されるようになり、簡単にチェックできる。

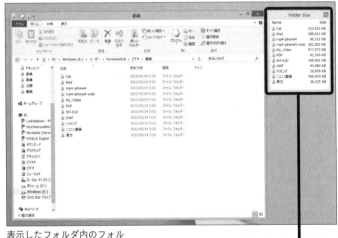

表示したフォルダ内のフォルダーサイズ一覧が別ウィンドウで自動表示されるようになる（❶）。なお、タスクトレイのアイコンから設定変更が可能だ。

❶フォルダーサイズ一覧が表示される

Folder Size
作者：Brian Oraas　種別：フリーソフト　URL：http://foldersize.sourceforge.net/

09 エクスプローラー拡張

エクスプローラーのリボンを非表示にしたい

Windows 8以降のエクスプローラーが使いにくいなら、Windows 7のスタイルに戻せる「OldNewExplorer」を試してみよう。まだテスト版なので動作保障はないが、設定をインストールするだけで簡単にスタイル変更が可能だ。

基本的には、設定は「OldNewExplorer」を起動して「Install」をクリック／タップするだけでよい（❶）。もしリボンを非表示にしたい場合は、「Use commandbar instead of Ribbon」にチェックを付けて（❷）から「Install」を実行すればよい。

エクスプローラ上部のリボンが非表示となる。すっきりした表示が好みならこの設定がオススメだ。

OldNewExplorer
作者：Tihiy　種別：フリーソフト　URL：http://www.msfn.org/board/topic/170375-oldnewexplorer-make-your-81-explorer-work-like-win78-one/

10 便利ツール

パソコンの画面を そのまま画像にしたい

　マニュアルなどの作成で画面操作の説明をする場合や企画書でイメージを伝える場合に、キャプチャ（画面を撮影したもの）を使うことがある。この場合、PrintScreenキーでキャプチャを撮り、ペイントなどの画像ソフトに貼り、切り抜いて保存するという方法はある。だが、もっと簡単に済ませたいところだ。

　フリーソフトの「SnapCrab for Windows」を使えば、キャプチャをすぐデスクトップに保存できる。最前面のウィンドウ、デスクトップ全体、指定範囲のみ、など撮り方が選択でき、タイマー撮影も可能だ。

SnapCrabではデスクトップに表示されるこのツールバーでキャプチャを撮る。

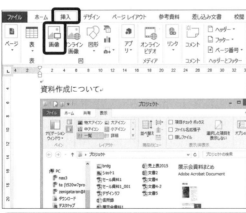

キャプチャ画像を貼るには「挿入」タブの「画像」をクリック／タップして、「図の挿入」ダイアログでキャプチャ画像を選び「挿入」をクリック／タップ。左図はWordにフォルダウィンドウのキャプチャ画像を貼ったところ。

SnapCrab for Windows
配布元：フェンリル　**種別：**フリーソフト　**URL：**http://www.fenrir-inc.com/jp/snapcrab/

便利ツール

写真や手書きの図を含んだメモを作りたい

外出先で手書きの地図やアイデアを手っ取り早くメモとして残す際、データ化しておけばのちのち便利だ。そういう場合は、「OneNote」を使ってみよう。スマホやタブレット、タッチパネル対応のパソコンであれば、OneNoteの「ノートブック」でメモを手書きでき、画像や音声などもまとめられる。

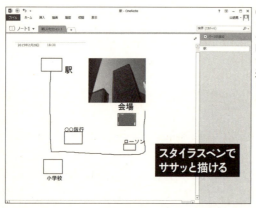

OneNoteは、「スタート」ボタン→「すべてのアプリ」→「OneNote」で起動できる。画像の貼り込みや、手描き文字をフォントに換えることも可能。

外出先で「ノートブック」に描いた地図をOneDriveで共有し、他のユーザーにメールで知らせて見せることもできる。

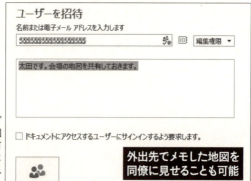

12 便利ツール

Microsoft Officeがない パソコンでOfficeを使いたい

所有のパソコンにMicrosoft Officeがインストールされていない場合、普通はExcel、Word、PowerPointなどでの作業ができない。ところが、Officeファイルの閲覧や編集は、互換ソフトなどを使うことで無料で行えるのだ。

●Excel Viewer

配布元：Microsoft
種別：フリーソフト
URL：http://www.microsoft.com/ja-jp/download/details.aspx?id=10

MicrosoftではExcelファイル閲覧用ソフトとして「Excel Viewer」を提供している。編集や新規作成はできないが、ファイルの印刷やテキストのコピーは可能だ。

●LibreOffice

配布元：The Document Foundation
種別：フリーソフト
URL：https://ja.libreoffice.org/

Officeソフトと互換性があるフリーソフトで、Microsoft Officeファイルの編集や保存が可能。

●Google Chrome

配布元：Google Inc.
種別：フリーソフト
URL：https://www.google.co.jp/chrome/browser/desktop/

お使いのブラウザが「クローム」なら、拡張機能の「ドキュメント、スプレッドシート、スライドで Officeファイルを編集」をインストール。Microsoft Officeのファイルならひととおり作業できる。

●Office 365 solo

配布元：Microsoft
価格：1,244円（1ヶ月間）／12,744円（1年間）
URL：https://products.office.com/ja-jp/office-365-solo

「Office 365」は Officeとクラウドサービスがセットになった有料サービス。1カ月間は無料なので、その期間内に作業が収まれば費用がかからない。

13 便利ツール

アプリごとに音量を細かく調整したい

　Webページの動画広告や、SNSアプリの通知音は突然鳴るとびっくりすることがある。標準機能では個別の音量調整はできないので、「SoundVolumeView」を使って音量設定しよう。アプリごとにミュートのオン／オフ切り替えや音量調整ができるほか、複数の設定を保存して使い分けることが可能だ。

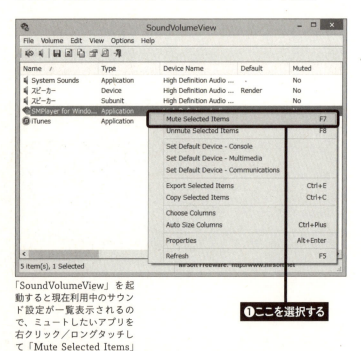

「SoundVolumeView」を起動すると現在利用中のサウンド設定が一覧表示されるので、ミュートしたいアプリを右クリック／ロングタッチして「Mute Selected Items」を選択する（❶）。

❶ここを選択する

SoundVolumeView
作者：Nir Sofer　種別：フリーソフト　URL：http://www.nirsoft.net/utils/sound_volume_view.html

320

14 便利ツール

ファイル名を簡単に変更したい

大量のファイル名をそれぞれ変更するのはかなり手間がかかる。そんなときは、「お〜瑠璃ね〜む」を使うとよい。「連番」「文字追加」「文字削除」などのリネーム機能を使って、複数のファイル名を一括変更できる。

「お〜瑠璃ね〜む」のウィンドウにファイルをドラッグ&ドロップして登録。あとは、画面下のメニューから適用したいリネーム機能を選び（❶）、リネーム設定を行って「実行」をクリック/タップすればよい。

❶いずれかを選択する

お〜瑠璃ね〜む
作者：Beefway　種別：フリーソフト　URL：http://beefway.sakura.ne.jp/

15 便利ツール

重要なファイルをバックアップしておきたい

「BunBackup」を使えば、任意のフォルダを指定したフォルダに手軽にバックアップできる。バックアップデータを同期できる「ミラーリング」や、一定時間おきに自動的にバックアップする「自動バックアップ」などの上級機能も備える。もしものときに備えて重要ファイルをバックアップしておこう。

初回起動時はバックアップ設定を作成する。「タイトル」「バックアップ元フォルダ」「バックアップ先フォルダ」を指定し(❶)、「OK」をクリック/タップする(❷)。

「設定」メニュー→「機能表示設定」を選択すると上級機能が設定できる。ミラーリングや自動バックアップなどの機能を利用したいときはここで設定しよう。

BunBackup
作者:Nagatsuki 種別:フリーソフト URL:http://homepage3.nifty.com/nagatsuki/

16 便利ツール

誤って削除したファイルを復元したい

「Recuva」は削除したファイルを復元できるソフトだ。内蔵HDDだけでなく、USBメモリーなどの外部メディアの削除ファイル復元にも対応している。うっかりごみ箱から削除してしまったファイルの復元時などに利用するとよい。なお、必ず復元できるわけではないので過信は禁物だ。

スキャンを実行すると、復元可能なファイル一覧が表示されるので、チェックを付けて「復元」をクリック/タップする(❶)。

❶ここを選択する

Recuva
作者:Piriform Ltd. 種別:フリーソフト URL:https://www.piriform.com/

17 便利ツール

よく使うアプリを すばやく起動したい

　デスクトップアプリをすばやく起動したいなら、ランチャーソフト「Orchis」が便利だ。多彩なランチャー呼び出し機能を備えており、マウスカーソルを画面端に移動したり、特定のキーを連打することですばやくランチャーを表示させることができるのが魅力だ。

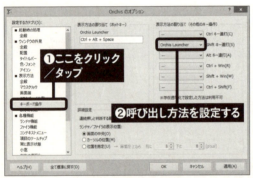

インストール後に表示されるタスクトレイの「Orchis」アイコンを右クリック／ロングタッチし、「設定」→「表示方法」を選択するとランチャーの表示方法を変更できる。例えば、「キーボード操作」をクリック／タップし（❶）、「Shiftキー連打」に「Orchis Launcher」を設定する（❷）。

Shiftキーを連打すると、「Orchis」のランチャーが起動し、デスクトップアプリの起動などがすばやく行える。

Orchis
作者：Go Kuroda　種別：フリーソフト　URL：http://www.eonet.ne.jp/~gorota/

18 便利ツール

HDDやSSDに異常がないかチェックしたい

早めにHDDやSSDの異常に気付くことができれば、バックアップや交換などの対処がしやすい。「CrystalDiskInfo」を使うとHDDやSSDが自動的に評価され、状態が数値で細かく把握できる。ポータブル版も用意されているので、ノートパソコンなどの定期的なチェックに活用していこう。

「CrystalDiskInfo」を起動すると、接続されたHDDやSSDの評価画面が表示される。健康状態が「正常」なら問題ないということだ。

CrystalDiskInfo
作者：hiyohiyo　種別：フリーソフト　URL：http://crystalmark.info/software/CrystalDiskInfo/

19 便利ツール

高機能なテキストエディタを使いたい

「メモ帳」の機能面に不満を感じるなら、高機能テキストエディタ「TeraPad」を試してみよう。「元に戻す」「やりなおし」が最大で10000回実行できるので文書の修正作業が簡単にできる。HTML／Perl／Ruby／C／C++／Javaなどの編集モードにも対応しており、プログラム言語特有の記号が色付きで表示されるようになるため、プログラミング用途にも利用することが可能だ。

画面分割機能を備えており、同じテキストを上下に分けて表示できるので、長文でも効率よく編集できる。

TeraPad
作者：寺尾進　種別：フリーソフト　URL：http://www5f.biglobe.ne.jp/~t-susumu/

20 便利ツール

オンラインでメモを管理したい

パソコンでメモを管理するなら、クラウドでメモを管理できるサービス「Evernote」を使うとよい。Evernoteはマルチデバイス対応なので、パソコンだけでなくスマートフォンやタブレットからでもアクセスでき、いつでもメモの管理が可能となる。ブラウザからでもアクセスできるが、専用のクライアントソフトを使ったほうが管理はしやすい。

Evernoteのクライアントソフトでは、メモの追加や閲覧が可能だ。メモには、テキストだけでなく画像や動画、音声などを添付することもできる。「同期」をクリック／タップすると作成したメモが同期される。

リストのノートをダブルクリック／タップすると、ノートの内容が別ウィンドウで表示され、大きな画面で閲覧できる。内容の編集も可能だ。

Evernote
作者：Evernote Corporation **種別**：フリーソフト **URL**：http://evernote.com/intl/jp/

21 便利ツール

画像を効率的に管理・閲覧したい

「XnView」はフォルダ内の画像のみを抽出して一覧表示できる高機能画像ビューアーだ。500種類以上の画像形式に対応しており、標準機能ではうまく閲覧できない画像の管理にも最適だ。また、画像の一括編集機能を備えており、トリミングやリサイズ、Exif情報の削除などができるので、ブログなどに投稿する写真をまとめて編集する際に活躍する。

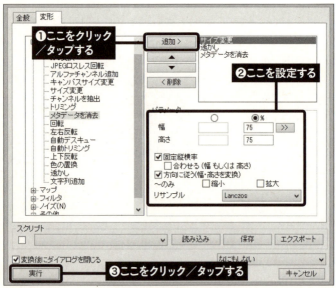

「ツール」メニュー→「一括変換」を選択し、「全般」タブで変換する画像を選択したら、「変形」タブをクリックして編集機能を選択して「追加」をクリック/タップ（❶）。あとは「パラメータ」で編集機能の設定を行い（❷）、「実行」をクリック/タップして編集を実行すればよい（❸）。

XnView
作者：Pierre-e Gougelet　種別：フリーソフト　URL：http://www.xnview.com/

22 便利ツール

過去のコピー履歴を何度も利用したい

コピー＆ペーストの操作では、直前にコピーしたデータをペーストすることが多い。しかし、クリップボードの履歴を保存するフリーソフトを使えば、過去にコピーした内容を再度ペーストできるので、作業の効率化につながる。コピー履歴を保存できるソフトはいくつかあるが、ここでは、「Clibor」を紹介する

「Clibor.exe」をクリック／タップして起動させれば、コピー操作の履歴が記録される。Ctrlキーを2回押してメイン画面を呼び出し、使いたいものをクリック／タップして、任意の場所でペーストすればよい。

WordやExcelなどでは、画面左にクリップボードを表示すればコピーの履歴が表示される。

Clibor
作者：Amuns　種別：フリーソフト　URL：http://www.amunsnet.com/

23 システム

USBメモリーを使えないようにしたい

「Phrozen Safe USB」を使えば、外部ストレージのUSB接続を無効にしたり、読み取り専用にすることが可能だ。パスWord機能も付いているので、第三者の設定書き換えにも対応できるほか、パソコン起動と同時に本ソフトを起動させることもできる。データの持ち出し対策に役立てよう。

Phrozen Safe USBを起動すると図のようなダイアログが表示される。「USB Devices Read Only」を選択するとUSB接続機器を読み取り専用に設定し、「USB Devices Disabled」を選択するとUSB接続機器を無効にできる（❶）。

❶ここを選択

上図のダイアログ画面で歯車型アイコンをクリック／タップすると「Settings」画面が表示される。設定変更にパスWordを設定する場合は、「Protect application with password」にチェックを付けてパスワードを入力する（❶）。

❶チェックを付けてパスワードを設定

Phrozen Safe USB
作者：Phrozen Software　種別：フリーソフト　URL：https://www.phrozensoft.com/

24 システム

不要なデータを一括して削除してしまいたい

パソコンを利用していると、だんだん不要データが蓄積していってHDDの容量を圧迫していく。「CCleaner」を使うと不要データを解析・削除できるので、定期的にクリーニングしよう。レジストリのスキャンやソフトのアンインストール機能も備えるので、パソコンのメンテナンスソフトとしても活躍する。

❶チェックを付ける
❷ここをクリック／タップ
❸ここをクリック／タップ

「クリーナー」タブをクリック／タップし、解析したい項目にチェックを付けて（❶）、「解析」をクリック／タップすると（❷）、不要ファイルのスキャンが実行される。あとは「クリーンアップ開始」をクリック／タップして削除を実行すればよい（❸）。

CCleaner
作者：Piriform Ltd　種別：フリーソフト　URL：http://www.piriform.com/

25 システム

パソコンのメンテナンスを手軽に実行したい

「Advanced System Care Free」を使えば、レジストリやハードディスクのデフラグ、マルウェア除去などがまとめて実行できるので、定期的にメンテナンスを行うとよい。

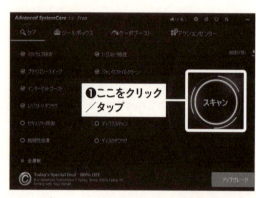

「ケア」タブを選択し、項目にチェックを付けて「スキャン」をクリック/タップすると（❶）、該当する項目のスキャンが実行できる。

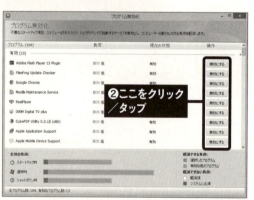

「ケア」タブでは、パソコンのクリーンアップや最適化などの機能が利用できる。たとえば「プログラム無効化」では、バックグランドの不要なプログラムが無効化できる。一覧で不要なプログラム名の右横の「無効にする」をクリック/タップすればよい（❷）。

Advanced SystemCare Free 7
作者：IObit Information Technology　種別：フリーソフト　URL：http://jp.iobit.com/

26 システム

削除できないソフトを うまく削除したい

ソフトによっては、Windowsの「プログラムと機能」に項目が表示されず、うまくアンインストールできないことがある。そんなときは、「IObit Uninstaller」を使って強制的にアンインストールすればよい。ブラウザのプラグインの削除にも対応している。

❶ここをクリック／タップ

IObit Uninstallerを起動させると、インストールされているアプリ一覧が表示されるので、不要なものを選択して「削除」をクリック／タップすればよい（❶）。

IObit Uninstaller
作者：IObit　種別：フリーソフト　URL：http://jp.iobit.com/

システム

複数のパソコンでユーザーフォルダー名を一致させたい

　Windows 8以降の初回起動時にはアカウントの登録が必要だ。複数のパソコンを所持している場合、ドキュメントなどを保存するユーザーフォルダーの名前は統一したいところだが、最初にMicrosoftアカウントを登録すると意図しないフォルダー名になることがある。そうならないようにするには、まずローカルアカウントでサインインし、あとからMicrosoftアカウントを関連付ければよい。

初回起動時は、使用したいユーザーフォルダーの名前でローカルアカウントを作成し、サインインする。そして、チャームから「設定」→「PC設定の変更」→「アカウント」をクリック／タップし、「Mirosoftアカウントを関連付ける」をクリック／タップする（❶）。

他のパソコンで使用しているMicrosoftアカウントのメールアドレスとパスワードを入力し（❷）、「次へ」をクリック／タップして（❸）、関連付けを実行する。

28 システム

古いソフトのヘルプを表示させたい

　HLP形式のヘルプファイルは旧世代の形式となるため、Windows Vista以降はビューワーソフトが同梱されておらず、標準では閲覧できない。しかし、未だにオンラインソフトのヘルプとしてHLP形式が使われることがあるため、表示が必要となる場面もある。オプションとしてビューワーソフトが提供されているので、必要に応じてダウンロードするとよい。なお、このフリーソフトはWindows 8.1のみの対応となる。

ビューワーソフトをインストールすると、HLP形式のファイル（旧式のヘルプファイル）が閲覧可能となる。

Windows 8.1 用 Windows Help プログラム
作者：Microsoft　種別：フリーソフト　URL：http://www.microsoft.com/ja-jp/download/details.aspx?id=40899

29 オンラインサービス

Googleマップの読み込みをもっと高速にしたい

　Googleマップはとても精度の高い地図データを表示し、便利ではあるが、その反面読み込みが遅くなる場合がある。読み込みが遅くなったらURLの末尾に「?force=lite」と追加するか、画面右下の稲妻アイコンをクリックしてライトモードに切り替えると、いくつかの機能がオフになる代わりに表示を高速化できる。

Googleマップを通常モードで開くとさまざまな情報が地図とともに表示される。

画面右下の稲妻アイコンをクリック／タップして（❶）、ライトモードに切り替えると必要最小限の情報だけが表示され、地図がメインになる。

❶ここをクリック／タップ

30 オンラインサービス

OneDrive以外のオンラインストレージを利用したい

使いやすさを重視するなら、オンラインストレージの老舗「Dropbox」がオススメだ。パソコン版クライアントソフトが用意されており、ローカルフォルダのような操作感でファイル共有ができるほか、スマホとの連携も可能だ。そして、大容量のストレージが欲しい場合は「Yahoo!ボックス」を使う手もある。Yahoo!プレミアム会員なら、無料で即時50GBの容量が与えられる。

Dropboxのクライアントソフトをインストールすると、ユーザー名フォルダ内に「Dropbox」というフォルダが作られ、Dropboxのクラウドストレージと同期される。また、タスクトレイから基本設定を呼び出せる。「アカウント」タブでは、Dropboxフォルダの場所の移動や、同期するフォルダの選択などが可能だ（❶）。

Yahoo!プレミアム会員には50GBの大容量が与えられるので、ファイルのバックアップ用途に最適。クライアントソフトも用意されており、タスクトレイから設定可能だ。「フォルダー」→「領域の節約」をクリック／タップすると（❶）、ローカルのYahoo!ボックスフォルダー内の領域を節約できる。

Dropbox
作者：Dropbox　種別：フリーソフト　URL：https://www.dropbox.com/

Yahoo!ボックス
作者：Yahoo! JAPAN　種別：フリーソフト　URL：http://jp.iobit.com/

31 オンラインサービス

スケジュールの管理を もっと上手に行いたい

　スケジュールの管理には「Googleカレンダー」をオススメする。登録した予定に対して個別にリマインダーを設定でき、ポップアップやメールで通知を受け取れる。作成したスケジュールは、必要に応じて同僚や取引先との共有もできるので、ビジネス上の各種連携にも活用しやすいだろう。

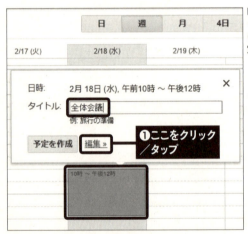

「編集」をクリック/タップすれば（❶）、通知（リマインダー）も設定できる。

「通知を追加」をクリック/タップし、通知方法をポップアップかメールにして通知の時間を指定できる。ほかのユーザーを招待すれば、お互いのスケジュールを共有することができる。

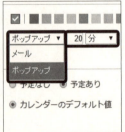

32 オンラインサービス

ToDoとスケジュールをまとめて管理したい

ToDoを、メモや手帳、ToDoに特化したソフトウェアで作成して管理している人は多い。しかし、外出が多くなると、それらでのToDo管理が雑になってしまう。

これを改善するには、グーグルカレンダーのToDoリストを使おう。スケジュールとToDoを一元的に管理できるうえ、外出中でもスマホなどほかの端末からToDoの確認や作成が可能になる。

ひとつの画面上でToDo(やるべきこと)を見て予定を組むことができる

33 オンラインサービス

イベント参加のメンバー全員の日程を調整したい

取引先とのアポや社内会議など、関係者とのスケジュール調整は意外と時間がかかるもの。電話やメールで何度もやりとりをして調整するのが普通だが、そういった手間は極力省きたい。

そんなときに役立つのが、「Cu-hacker」というウェブサービス。Googleカレンダーと連携し、予定の候補日時を仮登録したうえで、メール用のテキストを自動的に作成してくれる。

❶いくつかの候補日時を仮登録する。
❷日時と通知の文面が左側に自動作成される。
❸文面をコピーしてメールソフトに移り、新規メールに貼り付けて送信する。

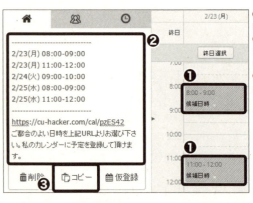

❶相手が選んだ候補日時がグーグルカレンダー上で本登録される。

Cu-hacker
URL：https://cu-hacker.com/

34 Windows 8.1

Windows 8.1の スタートボタンを非表示にしたい

Windows 8.1の「スタート」ボタンは低機能すぎるため、「ないほうがマシ！」と思った人もいるだろう。そんなときは「StartsGone」をインストールして「スタート」ボタンを非表示にしよう。起動時に自動で実行することも可能だ。

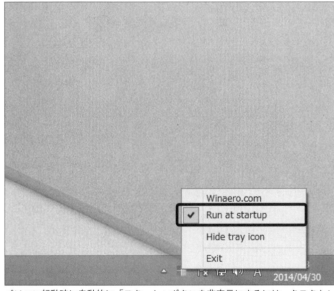

パソコン起動時に自動的に「スタート」ボタンを非表示にするには、タスクトレイの「StartIsGone」を右クリックして「Run at startup」にチェック。

StartIsGone
作者：Sergey Tkachenko　**種別**：フリーソフト　**URL**：http://winaero.com/download.php?view.63

35 Windows 8.1

Windows 8.1で7以前のスタートメニューを利用したい

Windows 8.1でWindows 7以前のような「スタート」メニューを利用したいなら、「Classic Shell」を使ってみよう。Windows 7／2カラムクラシック／クラシックの3種類のスタイルが選択できるので、好みで変更すればよい。

Classic Shellをインストールすると設定画面が表示されるので、スタートメニューのスタイルを選択して「OK」をクリック／タップする。Windows 7のスタイルを利用する場合は、「Windows 7 style」を選択すればよい（❶）。

スタートボタンをクリック／タップすると、Windows 7のスタートメニューが表示されるようになる。

Classic Shell
作者：Ivo Beltchev　種別：フリーソフト　URL：http://www.classicshell.net/

36 Windows 8.1

Windows 8.1でスタート画面のタイルを変更したい

「スタート」画面にはストアアプリやニュースなどのタイルが表示されているが、ストアアプリ「写真のタイル」を使えば空きスペースに好きな写真をピン留めすることも可能だ。写真サイズは大／中／小から選択できるので、うまく組み合わせよう。

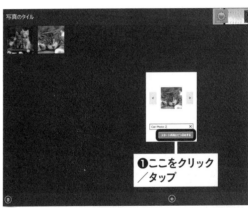

「写真のタイル」を起動し、「+」をクリック／タップして写真を読み込む。あとはサイズを選択し、写真の名前を記入して「スタート画面にピン留めする」をクリック／タップする（❶）。

❶ここをクリック／タップ

繰り返すことで、スタート画面に複数の写真をピン留めできる。なお、写真はドラッグ&ドロップすることで表示位置の変更が可能だ。

写真のタイル
作者：Studio 8　種別：フリーソフト（ストアアプリ）

37 Google Chrome

Chromeに別のブラウザから
ブックマークを移行したい

　Internet Explorerよりも動作が軽いブラウザとして人気の Google Chrome。「ブックマークと設定のインポート」機能を使えば、別のブラウザに保存されているブックマークやパスワード閲覧履歴、検索エンジンの情報を全て移すことが可能だ。

アドレスバー右端の設定ボタン→「設定」→「ブックマークと設定をインポート」をクリック/タップし、設定画面を表示する。データを取得するブラウザとインポートしたいデータを選択して「インポート」をクリック/タップする(❶)。

38 Google Chrome

Webページの表示サイズを
拡大／縮小したい

　Webページの表示が小さくて読みにくい、または大きくて全体が見にくい場合、Chromeでは最小で25%から最大で500%まで拡大／縮小が可能だ。また、全画面表示ボタンでブラウザを全画面モードに変更できる。

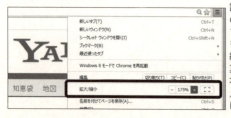

設定ボタン→「拡大／縮小」の「+」をクリック/タップすると画面の拡大、「-」をクリック/タップすると縮小になる。現在の倍率は真ん中に表示されている。右端のアイコンをクリック/タップすると全画面表示に切り替わる。

39 Google Chrome

起動時に表示される
ホームページを変更したい

初期設定ではChromeはGoogleの検索フォームが配置された新規タブが表示される。ブラウザを起動したら必ず確認するページや、頻繁に閲覧するページを設定しておくと、起動時にすぐにサイトが開くので使いやすい。

設定ボタン→「設定」→「特定の1つのページまたは複数のページを開く」を選択し「ページを設定」をクリック/タップして設定画面を開く。起動ページは複数設定できるので、必要に応じて入力。最後に「OK」をクリック/タップ(❶)。

❶ここをクリック/タップ

Chromeを起動すると、設定されたページがすべて表示される。開く必要がなくなったページは、上図の設定画面からURL横の「×」をクリック/タップすることで削除できる。

40 Google Chrome

ホームページへ簡単に戻れるようにしたい

Chromeは初期設定ではホームボタンが表示されていない。ホームボタンを表示し、URLを設定することで、どのサイトを閲覧中でもボタンをクリック/タップするだけで簡単にホームページに戻ることができるようになる。

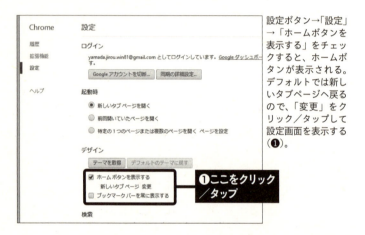

設定ボタン→「設定」→「ホームボタンを表示する」をチェックすると、ホームボタンが表示される。デフォルトでは新しいタブページへ戻るので、「変更」をクリック/タップして設定画面を表示する(❶)。

ホームページの設定画面から「アドレス」を選択し、ホームページにしたいサイトのURLを入力して、「OK」をクリック/タップする(❷)。ホームページはいつでも変更可能だ。

ページ内をキーワードで検索したい

検索結果からページを開いたものの、肝心の検索キーワードに関係する部分がわからない場合は、「検索」を利用すると簡単に探し出せる。

キーワードの検索ボックスを表示するには設定ボタン→「検索」を選択するか、またはキーボードのショートカットでCtrl+「F」キーを押す。

右側に検索ボックスが表示された。検索したいキーワードを入力すると（❶）、ページ内の該当するキーワードが色付けされ、強調されるので目視でも探しやすい。また、ページ内にあるキーワードの個数が表示される。

❶検索キーワードを入力

42 Google Chrome

Webページをブックマークに登録したい

Chromeでよく利用するサイトは、ブックマークに登録して手早くアクセスできるようにしておけば、毎回検索して探す必要もなく、とても便利だ。登録したページは、ブックマークからいつでも確認できる。

アドレスバーの右端にある星形のアイコンをクリック/タップすると(❶)、ブックマークに登録され、ダイアログが表示される。ブックマーク名や登録したいフォルダを選択し「完了」ボタンをクリック/タップすれば登録が完了する(❷)。登録したページに移動するには、設定ボタン→「ブックマーク」から選択する。

43 Google Chrome

頻繁に見るサイトに簡単アクセスしたい

Chromeで頻繁に見るサイトはブックマークバーに登録しておくと、他のサイトを閲覧しているときにもブックマークを開いて探す必要がない。ワンクリックでアクセスすることができるのでとても便利だ。

アドレスバーをクリック/タップし、URLを選択して、ブックマークバーにドラッグ&ドロップする(❶)。ブックマークバーは設定ボタン→「ブックマーク」→「ブックマークバーを表示」かCtrl+Shift+「B」キーで表示される。

44 Google Chrome

ブックマークが増えてきたので整理したい

よく利用するサイトを単純にブックマークしていると、目的のブックマークが探しにくくなってしまう。そこで「ブックマークマネージャ」でフォルダを作成し、ブックマークを整理しておこう。

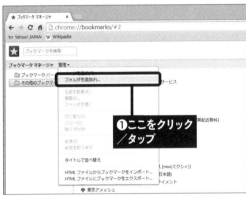

設定ボタン→「ブックマーク」→「ブックマークマネージャ」またはCtrl＋Shift＋「O」キーでブックマークマネージャを開き、「管理」→「フォルダを追加」をクリック／タップする（❶）。

分類したいフォルダへブックマークをドラッグ&ドロップして整理する。「ブックマークバー」にドラッグ&ドロップすると、ブックマークバーに表示されるようになるので便利だ。なお、ブックマークバーにもフォルダを表示することができる。

45 Google Chrome

特定のサイトを常に表示しておきたい

辞書サイトや気象情報など、常に表示しておきたいサイトは、タブを固定すると便利だ。タブを固定しておくと、Chromeが起動すると常に固定したタブが表示されているので、毎回ブックマークから開く必要もない。

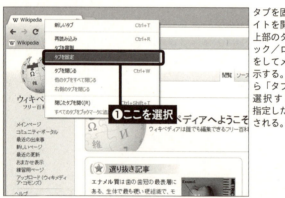

タブを固定したいサイトを開き、ページ上部のタブを右クリック/ロングタッチをしてメニューを表示する。メニューから「タブを固定」を選択すると（❶）、指定したタブが固定される。

固定されたタブは、通常のタブと違いアイコンのみの幅に変更され、ブラウザウィンドウの左側に固定される。ブラウザ起動時には、起動時の設定で開かれるページのさらに左側に表示され、一番最初に読み込まれる。

46 Google Chrome

誤って閉じてしまったタブを再度表示したい

閲覧中にタブを閉じていると、うっかりまだ見たかったサイトのタブを閉じてしまうことがある。そんなときは「最近使ったタブ」から「最近閉じたタブ」を確認すると、閲覧履歴から辿らなくてもすぐに開き直せる。

設定ボタン→「最近閉じたタブ」をクリック／タップすると、「最近閉じたタブ」の一覧が表示される。履歴は10件まで保存されているので、つい最近閉じたばかりのタブならすぐに開き直せて便利だ。

47 Google Chrome

リンク先を新しいタブまたはウィンドウで表示したい

同じページ内から複数のリンク先を新しいタブやウィンドウに開きたいことは、閲覧中によくある。そんなときは、リンクの上で右クリックメニューを表示するのが一般的だが、ショートカットで手早く表示しよう。

新しいタブで開きたいリンクにカーソルを合わせ、Ctrlキーを押しながら左クリックすると、目的のページが新しいタブで現在のタブの右側に追加された。

48 Google Chrome

タブで表示中のページを別のウィンドウで開きたい

　タブブラウザはひとつのウィンドウで複数のサイトを開けるのが便利な点だが、2つのサイトを並べて比較したり、タブが増えすぎると使いづらくなる。そんなときは表示中のタブを分離して新しいウィンドウにしよう。

タブをクリック／ロングタッチし、ウィンドウの外側へ向かってドラッグすると、タブが新しいウィンドウに分離する（❶）。ウィンドウ同士を統合したいときは、タブをクリック／タップし、統合したいウィンドウのタブへドラッグする。

49 Google Chrome

複数のタブをまとめて閉じたい

　サイトを閲覧していると、気になるサイトをどんどんタブで開きすぎて、増えたタブをひとつずつ閉じていくのが面倒になることがある。そんなときに便利なのが、複数のタブをまとめて閉じる機能だ。

タブの上で右クリック／ロングタッチし、メニューを表示する。「右側のタブを閉じる」または「他のタブをすべて閉じる」を選択すると、不要なタブが閉じられる。基準は右クリック／ロングタッチしたタブで、表示されているタブではないので注意。

50 Google Chrome

閲覧したページの履歴を簡単に確認したい

サイトを閲覧中、前に見たページの履歴をさっと確認したいときは、「戻る」ボタンを長押しすると直近の履歴を簡単に確認することができる。履歴から戻りたいページを選択すれば、簡単にページを開き直せる。

ブラウザの「戻る/進む」アイコンの「戻る」を長押しすると(❶)、そのタブで閲覧していた直近の履歴が表示される。ここにない場合は、一覧の一番下にある「全履歴を表示」を選択すると過去の全閲覧履歴が表示される。

51 Google Chrome

テキストエリアが狭いので広くしたい

Webサイトにあるフォームのテキストエリアは、デザインによっては狭くて入力しにくい場合がある。そんなときは、テキストエリアの右下をクリックして自由な大きさにフォームを変形させてしまおう。

テキストエリアの右下にある小さな間隔のアイコンをクリック/タップし、ドラッグすると(❶)、テキストエリアの大きさを自由に変更することができる。フォームの機能に影響はないので、入力しやすい大きさに変更しよう。

52 Google Chrome

他人に見られたくない閲覧履歴を削除したい

こっそり覗きたいサイトや趣味のページなど、閲覧履歴をパソコンを共有している他人に見られたくないことはたまにある。そんな特定の閲覧履歴を削除したいときは、「履歴」から1件ずつ閲覧履歴を削除することができる。

設定ボタン→「履歴」を選択し、全履歴を表示する。一覧の中から削除したい閲覧履歴の先頭をクリック/タップすると（❶）、履歴がチェックされるので、「選択したアイテムを削除」をクリック/タップする（❷）。

確認画面が表示されるので「削除」をクリック/タップすると（❸）、選択した閲覧履歴が履歴の一覧から削除される。確認画面に表示されるとおり、履歴を残したくないページを見るときは「シークレットモード」を利用するとよい。

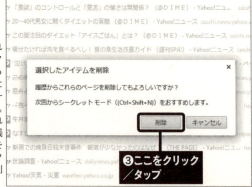

53 Google Chrome

履歴やCookieなどを まとめて削除したい

　履歴やCookieを一掃したいときは、「閲覧データの消去」ですべて消してしまうことができる。一般的にいうと、履歴やキャッシュが増えすぎると、ブラウザの挙動が重くなる。動作が気になったらやってみよう。

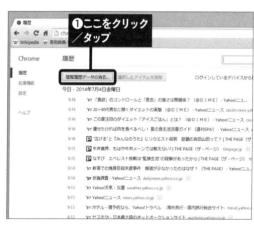

設定ボタン→「履歴」を選択し、「閲覧履歴データの消去」をクリック/タップする（❶）。

閲覧履歴データの消去は、デフォルトでは上から4つだけ選択されている。必要に応じて選択しよう。履歴を削除する期間も「1時間以内」から「すべて」まで、消したい期間を選択して「閲覧履歴データの消去する」をクリック/タップ（❷）。

54 Google Chrome

Webページから
ファイルをダウンロードしたい

たとえばプログラムやOfficeファイル、圧縮されたデータなど、ブラウザで閲覧する種類以外のファイルは、Webサイトからファイルへのリンクをクリック／タップすると、すぐにパソコンにダウンロードされる。ダウンロード先は「PC」→「ダウンロード」フォルダーだ。

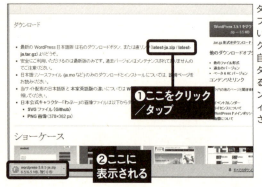

ダウンロードしたいファイルが置かれているリンクをクリック／タップすると、自動的にファイルのダウンロードが始まる。ファイルのダウンロード状況は、ウィンドウ下部に表示される（❷）。

❶ここをクリック／タップ

❷ここに表示される

下部に表示されているダウンロード済みファイルの右端の▼をクリック／タップし（❸）、メニューを表示する。「フォルダを開く」で保存されているフォルダを表示し（❹）、「開く」でダウンロードしたファイルを実行する。

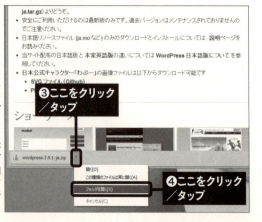

❸ここをクリック／タップ

❹ここをクリック／タップ

55 Google Chrome

ダウンロードしたファイルを簡単に別の場所にコピーしたい

ダウンロードしたファイルを、いちいち保存したフォルダを開かずにすぐに別の場所へコピーしたいときは、下部に表示されているダウンロード済みのアイコンをドラッグするだけで簡単に移動することができる。

ダウンロードが終わったファイルのアイコンをクリック/タップし、そのままファイルをコピーしたいフォルダの上へドラッグ&ドロップする。毎回ダウンロード先のフォルダを開く必要がなく、とても便利だ。

56 Google Chrome

ダウンロードしたファイルの保存場所を変更したい

Chromeのダウンロードフォルダは、初期設定ではCドライブの「ダウンロード」に設定されている。この保存先は、任意の場所に変更することができる。また、ファイルごとに保存する場所を確認するように設定を変更することも可能だ。

設定ボタン→「設定」から「ダウンロード保存先」の「変更」をクリック/タップする。「フォルダーの参照」画面でフォルダを選択し、「OK」を選択。「ファイルごとに保存する場所を確認する」をチェックすると毎回保存先を確認する。

57 Google Chrome

Webページ上の画像を簡単にダウンロードしたい

　Webページを閲覧中、保存しておきたい画像ができた時は、画像を保存したい任意のフォルダへドラッグ＆ドロップするだけで簡単にダウンロードすることができる。

❶保存したい画像を好きな場所にドラッグ＆ドロップ

画像の上でクリック／タップし、保存したい任意のフォルダへドラッグ＆ドロップするだけで、画像ファイルが保存される（❶）。パソコンのフォルダ内を移動するように手軽に保存できるので、気になった画像はどんどん保存しよう。

58 Google Chrome

フォームやパスワードの自動入力を設定したい

　サイトのIDやパスワード、よく入力する住所など、久しぶりに使うパスワードをうっかり忘れてしまったり、誤った内容を入力してしまうことがある。そんなときは自動入力を設定しておくといいだろう。

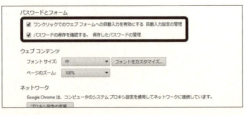

設定ボタン→「設定」をクリックし、「パスワードとフォーム」の「ワンクリックでのウェブフォームへの自動入力を有効にする」と「パスワードの保存を確認する」にチェックを入れる。

59 Google Chrome

不要になった拡張機能を削除/無効化したい

不要な拡張機能を削除したい、あるいはしばらく無効化しておきたいときは、拡張機能の管理画面で手軽に設定を変更・削除できる。拡張機能の数が増えすぎると動作が重くなるので、ときどき整理しよう。

設定ボタン→「設定」→「拡張機能」で拡張機能の管理画面が表示される。有効のチェックを外すと機能は無効化される。削除したい場合はごみ箱アイコンをクリック/タップすると削除の確認画面が表示されるので「削除」を選択(❶)。

60 Google Chrome

危険なWebページを少しでも安全に閲覧したい

初期設定では、CookieやJavaScriptなどの実行やローカルへの保存を許可しているが、悪意のあるサイトを極力避けたい場合や、海外のサイトを閲覧する場合は、設定を変更しよう。

設定ボタン→「設定」をクリック/タップして設定画面を開き、画面下の「詳細設定」をクリック/タップ。「コンテンツの設定」を選択すると、選択画面が表示される。セキュリティを強化する場合はJavaScriptなどはオフにしてしまおう。

61 Google Chrome

履歴を残さずWebページを閲覧したい

Chromeには「シークレットウィンドウ」という機能がある。シークレットウィンドウで開いたページは、閲覧履歴や検索履歴には記録されないが、ブックマークやダウンロードしたファイルは保存される。

設定ボタン→「シークレットウィンドウを開く」を選択する。またはショートカットのCtrl+Shift+「N」キーで、現在のウィンドウとは別にシークレットウィンドウが開かれる。

シークレットウィンドウの機能が有効なのは、左上にシークレットウィンドウのアイコンが表示されているウィンドウで開いたタブだけなので、履歴を残したくない場合は利用するウィンドウに注意しよう。

62 Google Chrome

拡張機能をインストールして Chromeの機能を追加したい

「拡張機能」はChromeにさまざまな機能を追加するプログラムだ。SNS向けツールやブラウジングを快適にするツールなどのさまざまな機能が、Chromeウェブストアで基本無料で提供されている。

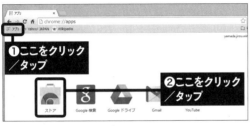

新しいタブを開いて、ウィンドウ左上の「アプリ」をクリック/タップし(❶)、画面に表示された「ストア」をクリック/タップ(❷)。

Chromeウェブストアには、さまざまな種類の拡張機能が登録されている。ユーザーの評価やダウンロード数などを参考にしながら、自分が欲しい拡張機能を探してサムネイルをクリック/タップし、詳細を確認する。

「+無料」のアイコンをクリック/タップすると、ダウンロードとインストールの前に確認画面が表示される。どの権限にアクセスするのかなど、セキュリティ面もよく確認した上で「追加」をクリック/タップする(❶)。拡張機能の表示位置などはインストールした拡張機能によって異なる。

63 Google Chrome

テーマを変更して好みのデザインに変更したい

Chromeには「テーマ」というスキン素材で、見た目を変える機能がある。Chromeウェブストアでさまざまなデザインが配信されているので、好みにあったテーマを探してブラウザのデザインを変更しよう。

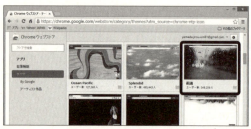

Chromeウェブストアには、イラストや写真のほか、アニメや映画などのコラボデザインなど多くのテーマが登録されている。好みのテーマを見付けたらサムネイルをクリック/タップする。

ほとんどのテーマが無料で提供されているが、念のためよく確認した上で「＋無料」のアイコンをクリック/タップすると（❶）、テーマのダウンロードが始まり、自動的にChromeにインストールされる。

テーマが適用され、ブラウザウィンドウのデザインが変更された。デフォルトのデザインに戻したい合は設定ボタン→「設定」で設定画面を開き、「デザイン」にある「デフォルトのテーマに戻す」をクリック/タップする。

64 Google Chrome

うっとうしい広告をブロックして非表示にしたい

Webサイトにたくさん貼られたバナーや広告は、時に閲覧する側にはうっとうしいもの。ミスクリックで見る予定のなかった広告ページに飛ばされることもある。そんなときは「Adblock Pro」を使ってスッキリしよう。

Chromeウェブストアの検索ボックスに「Adblock Pro」と入力。検索結果画面に表示された「拡張機能」の「Adblock Pro」の横にある「＋無料」をクリック／タップして機能をインストールする（❶）。

ページから広告がブロックされた。並べると一目瞭然、大きなバナーやテキスト広告までブロックされている。強制的に再生されるYouTubeのビデオ広告などもブロックしてくれるので、ブラウジングが快適になる。

Chapter 6 パソコンをもっと便利に使う

65 Googleドライブ

Googleドライブ形式の文書を新規作成したい

　Googleドライブではブラウザを使って簡単に文書や表計算を作成できる。新規作成すれば、その時点で自動的にGoogleドライブ上に保存される。

画面の左上にある「作成」をクリック／タップする。下にメニューが表示されるので、作成するファイルの種類をクリック／タップする。新しいタブが表示され、アプリが起動する。なお、「フォルダー」を選択すると、現在表示している場所に新しいフォルダーが作成される。

66 Googleドライブ

アップロード済みのオフィス文書をGoogleドライブ形式に変換したい

　アップロードしたファイルをGoogleドライブ形式のファイルに変換するには、Googleアプリで開いて保存し直す。ただし、文書中のレイアウトなどは崩れる可能性があるので要注意だ。

変換するファイルのチェックボックスにチェックを付け（❶）、「その他」をクリック／タップ（❷）。「開く」を選択し（❸）、ファイルの種類に対応したGoogleアプリ名をクリック／タップする（❹）。

67 Googleドライブ

手元のファイルをGoogleドライブ形式に変換したい

すでに作成したファイルをアップロードするときに、Googleドライブ形式のファイルに変換してアップロードすることができる。こうすれば、すぐにGoogleドライブアプリで編集が可能だ。

画面右上にある設定ボタンをクリック/タップし（❶）、「アップロード設定」→「アップロードしたファイルをGoogleドキュメント形式に変換」の順に選択して（❷）、チェックを付ける。

この状態で、「作成」の右横にある「アップロード」ボタンをクリック/タップし、「ファイル」を選択する（❸）。ファイルを選択する画面が表示されるので、ファイルを選択してアップロードする。

68 Googleドライブ

「マイドライブ」で文書の共有を設定したい

複数のファイルを一度に共有したい場合は、ファイルの一覧画面から共有を設定しよう。この方法であれば、ファイルを開かずにまとめて共有できる。

共有するファイルのチェックボックスにチェックを付ける（❶）。「その他」をクリック／タップし（❷）、「共有」→「共有」の順に選択（❸、❹）。共有の設定画面が表示されるので、共有する相手を設定する。

69 Googleドライブ

Googleドライブの文書をオフィス文書形式に変換したい

Googleドライブで作成した文書を、Microsoft Officeなどで表示したいときは、ローカルに保存する際にファイル形式を変換する。互換性は完全でないため、レイアウトなどが崩れることもあるので注意しよう。

変換するGoogle文書を開いたら、「ファイル」をクリック／タップし（❶）、「形式を設定してダウンロード」→変換するファイル形式の順に選択する（❷、❸）。変換されたファイルがダウンロードされる。

70 Googleドライブ

誤って編集してしまった文書を元に戻したい

編集したファイルの履歴もすべて保存されている。もし間違ってファイルを編集してしまったときでも、古いバージョンのファイルに戻すことができる。

ファイルを開いたら、画面上部の「最終編集：〜」と書かれたリンクをクリック/タップする(❶)。ファイルの更新履歴が表示されるので、元に戻したいバージョンをクリック/タップする(❷)。

選択したファイルのバージョンに「この版の復元」のリンクが表示されるのでクリック/タップする(❸)。

71 Googleドライブ

ローカルのファイルと簡単に同期したい

パソコンのファイルとGoogleドライブのファイルを簡単に同期したい場合は、Googleドライブアプリをインストールしよう。Googleドライブのファイルが自動的にパソコンにダウンロードされる。

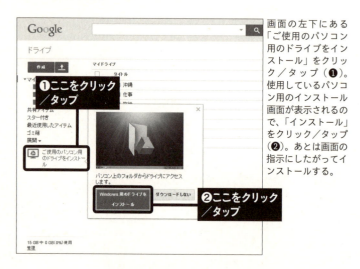

画面の左下にある「ご使用のパソコン用のドライブをインストール」をクリック／タップ（❶）。使用しているパソコン用のインストール画面が表示されるので、「インストール」をクリック／タップ（❷）。あとは画面の指示にしたがってインストールする。

インストールが完了すると、エクスプローラーにGoogleドライブのフォルダーが作成される。このフォルダーはGoogleドライブと同期されており、ローカルの感覚でファイルをやり取りできる。

72 Googleドライブ

文書を他のユーザーと共有したい

　Googleドライブの特徴のひとつに、保存されたファイルを他のユーザーと共有できることがある。ファイルを共有すると、同じファイルを複数の人と一緒に編集・閲覧ができるようになる。

共有するファイルを開いたら、画面の右上にある「共有」をクリック／タップする（❶）。

❶ここをクリック／タップ

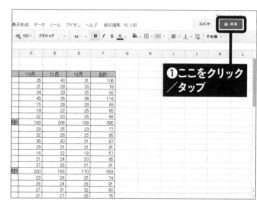

ファイルを共有する人のメールアドレスを入力する。メールアドレス横で「編集者」を選択し、「送信」をクリックする。相手にファイルが共有されたことをお知らせするメールが自動送信される。

73 Googleドライブ

Googleアカウントを持たない人と文書を共有したい

　Googleアカウントを持っていない人にGoogleドライブ上の文書を見せるように設定することも可能だ。編集する権限を与えることもできる。

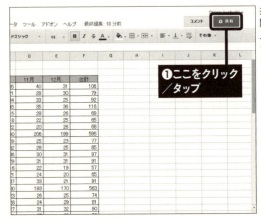

共有するファイルを開いたら、画面の右上にある「共有」をクリック/タップする（❶）。

❶ここをクリック/タップ

共有設定画面が表示されたら、「変更」をクリック/タップする（❷）。

❷ここをクリック/タップ

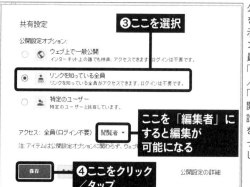

公開設定オプションを設定する画面が表示されるので、「リンクを知っている全員」を選択し（❸）、「保存」をクリック／タップする（❹）。「ウェブ上で一般公開」を選択すると、誰でもこのファイルを見られるようになってしまうので注意しよう。

画面が元に戻るので、上部にある「共有するリンク」のURLをコピーする（❺）。そのURLを相手にメールなどで送信する。「リンクの共有方法」ではGmail、Google+、Facebook、Twitterのボタンが用意されており、ここから相手に送ることも可能だ。

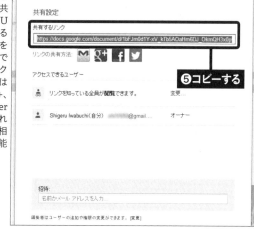

Google Chromeで使えるショートカットキー

[Ctrl] + [Shift] + [B]：ブックマーク バーの表示／非表示の切り替え
[Ctrl] + [H]：[履歴] ページを開く
[Ctrl] + [J]：[ダウンロード] ページを開く
[Shift] + [Esc]：タスクマネージャを開く

74 Googleドライブ

一部のシートだけを編集可能に設定したい

共有したスプレッドシートで、一部のシートのみ編集可能にしたい場合は、編集させたくないシートを保護すればよい。また、特定のセルを保護することもできる。

対象のスプレッドシートを開いたら、保護するシートの右側にある「▼」をクリック／タップし（❶）、「シートを保護」をクリック／タップする（❷）。

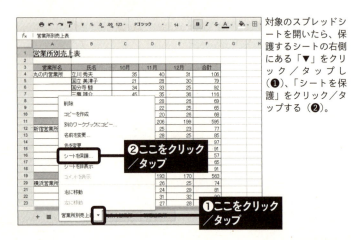

「保護されているシートと範囲」が表示されるので、わかりやすい説明を入力する（❸）。次に「権限を設定」をクリック／タップ（❹）。なお、ここで「範囲」を選択すると、保護の対象を選択した範囲にすることもできる。

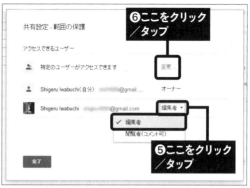

共有設定画面が表示されるので、共有している相手を「編集者」に設定する(❺)。なお、リンクを知っている人にも編集権限がある場合は、「変更」をクリック/タップして権限を変更する(❻)。

権限を変更すると、画面下部のボタンが変わるので、「変更を保存」をクリック/タップする(❼)。

Googleスプレッドシートで使えるショートカットキー

Ctrl + H：検索と置換
Ctrl + Enter：範囲へコピー
Ctrl + Shift + V：値のみ貼り付け
Shift + F11：新しいシートを挿入

75 Googleドライブ

Googleドライブの文書を オフラインで編集したい

インターネットに接続できない環境でGoogleドライブ形式のファイルを編集したい場合は、オフラインで利用できるように設定する必要がある。オフラインは使用するパソコンごとに設定が必要だ。

画面左側のフォルダ一覧にある「展開」をクリック/タップし、「オフライン」を選択すると(❶)、オフラインの設定画面が表示される。Googleドライブアプリをインストールしていない場合は、先にここからインストールする(❷)。インストールしたら、「オフラインを有効にする」をクリック/タップ(❸)。

オフラインで利用できるファイルがローカルに保存され、しばらくすると「オフライン」にオフライン状態で利用できるファイルの一覧が表示される。オフライン状態の場合は、このファイルを操作すればよい。

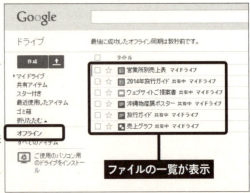

76 Googleドライブ

Googleドライブの文書を誰がいつ編集したか知りたい

Googleドライブはファイルの編集や移動などの操作をすべて履歴として保存している。履歴を確認すれば、誰が何をどのように操作したか確認が可能だ。

画面右上にある履歴ボタンをクリック/タップ(❶)。表示しているGoogleドライブ上にあるすべてのファイルの履歴が表示される。ファイルを選択しているときは、選択中のファイルの履歴が表示される。

77 Googleドライブ

Googleドライブのファイルを検索したい

GoogleドライブもGoogle検索と同じ要領で検索が可能だ。Googleドライブを表示した状態で検索すると、Googleドライブ内にあるファイルやフォルダーが検索される。

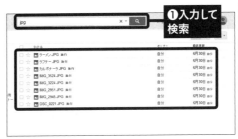

画面上部の検索ボックスにキーワードを入力する。キーワードを複数入力することも可能で、この場合はAND検索になる。検索ボタンをクリック/タップすると(❶)、キーワードに合致するファイルやフォルダーが一覧表示される。

78 Googleドライブ

さまざまな条件を設定して検索を実行したい

ファイルの種類、公開設定などの条件を設定して検索することが可能だ。条件を設定して検索することにより、目的のファイルをより確実に検索できる。

検索ボックスの右側にある「▼」をクリック／タップする（**❶**）。検索条件が表示されるので、設定したい検索条件をクリック／タップする（**❷**）。

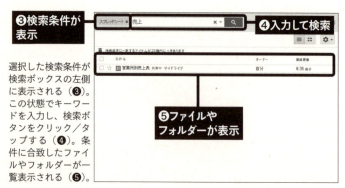

選択した検索条件が検索ボックスの左側に表示される（**❸**）。この状態でキーワードを入力し、検索ボタンをクリック／タップする（**❹**）。条件に合致したファイルやフォルダーが一覧表示される（**❺**）。

79 Googleドライブ

誤って削除したファイルを元に戻したい

Googleドライブ上のファイルを削除するとゴミ箱に移動する。ファイルがゴミ箱に入っている間は、元に戻すことが可能だ。ゴミ箱を空にした後は復元できないので注意しよう。

画面左側のフォルダ一覧で「ゴミ箱」をクリック/タップする（❶）。ゴミ箱にあるファイルが一覧表示されるので、元に戻すファイルにチェックを付け、「復元」をクリック/タップする（❷）。

80 Googleドライブ

添付ファイルをそのままGoogleドライブに保存したい

Gmailで受信した添付ファイルは、直接Googleドライブに保存できる。一度ローカルに保存してアップロードする手間が省けるのでぜひとも活用したい機能だ。

添付ファイルが付いた受信メールを開き、添付ファイルにマウスポインターを合わせる（❶）。添付ファイルの表示の中にボタンが表示されるので、中央のGoogleドライブボタンをクリック/タップする。添付ファイルが自動的に保存される。

81 Googleドライブ

Googleドライブのファイルをそのまま送信したい

　Googleドライブに保存しているファイルをそのままGmailで送信することも可能だ。送信できるのはひとつのファイルのみだ。フォルダーや複数のファイルは対応していないので注意しよう。

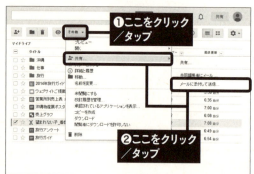

送信するファイルにチェックを付け、「その他」をクリック／タップし（❶）、「共有」→「メールに添付して送信」を選択する（❷）。

Gmailの送信画面が表示されるので、選択したファイルが添付されていることを確認し、メールを作成する。

82 Googleドライブ

文書を共有している相手とチャットしたい

ファイルを共有している人が同じファイルを参照している場合は、相手とチャットをすることができる。編集中、打ち合わせなどしたい場合は重宝する機能だ。

画面の右上にチャットできる相手のユーザーが表示される。この状態でチャットを開くボタンをクリック／タップする。

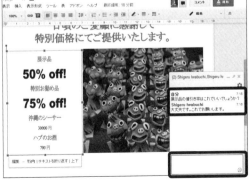

チャット画面が右下に表示される。メッセージを送る場合は、下部のテキストボックスにメッセージを入力してEnterキーを押す。やり取りはチャット画面の中央に表示される。

83 Googleドライブ

アンケート用のフォームを作りたい

入力フォームは、アンケートなどのページを簡単に作れる機能。サイトに問い合わせページやアンケートページを作りたい場合に活用すると大変便利な機能だ。

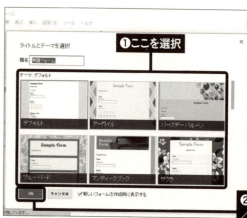

入力フォームを起動すると、テーマの選択画面が表示される。入力フォームのテーマを選択し（❶）、「OK」をクリック／タップする（❷）。

サイトに表示する入力フォームの名前と説明を入力する（❸）。次に質問のタイトルと補足分を入力する。

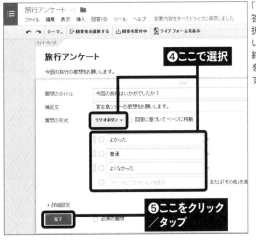

「質問の形式」で回答方法を選択し、選択肢などを設定していく(❹)。設定が終わったら、「完了」をクリック/タップする(❺)。

作成した内容を確認し、問題がないようであれば「フォームを送信」をクリック/タップする(❻)。作成したフォームのリンクや埋め込みリンクが表示されるので、相手に知らせるかサイトにURLを埋め込む。

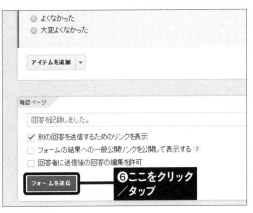

Googleスプレッドシートで使えるショートカットキー

[Ctrl] + [BackSpace]：アクティブセルまでスクロール
[Ctrl] + [Shift] + [PageDown]：次のシートに移動
[Ctrl] + [Shift] + [PageUp]：前のシートに移動
[Alt] + [Shift] + [K]：シートリストを表示

84 Google一般

よく使うGoogleのサービスを簡単に起動したい

　Google検索やGoogle+などのサービスでは、他の主要サービスの画面に移動するためのランチャーが用意されている。このランチャーを利用すれば、他のサービスに移動するのに、わざわざURLを入力したり「お気に入り」を利用したりする必要はない。なお、アイコンをドラッグ&ドロップすれば、並び順も変更できる。

❶ここをクリック／タップ

ここをクリック／タップすれば他のアイコンが表示される

Googleのサービスにアクセスして、画面右上の「アプリ」アイコンをクリック／タップ（❶）。ランチャーを表示。利用したいサービスのアイコンをクリック／タップする。

ここをクリック／タップすればアカウント情報の変更が可能

❷ここをクリック／タップ

画面右上のアカウントアイコンをクリック／タップすると（❷）、ログイン中のGoogleアカウントや写真などを変更できる。

85 Google一般

新語や固有名詞などを
スムーズに入力したい

　Windowsに付属のIMEは、変換効率が必ずしもよくない。新しい言葉や砕けた言い回しを手早く入力するには、Google日本語入力を使ってみたい。日本語IMEとしては老舗の「ATOK」よりも、新しい言葉やネットでよく使われる言葉に強い。

Google日本語入力の設定は、タスクトレイのアイコンを右クリック／ロングタッチ→「プロパティ」から行う。

「プロパティ」ダイアログが表示されるので、入力方法や使用する記号、変換などに使うキー設定などを好みに合わせて変更しよう。

入力中にTabキーを何度か押すと、入力候補がたくさん表示される。Tabキーをそのまま押して選択できるので、入力効率を上げたい人はぜひ試してみたい。

Google日本語入力
開発者：Google Inc.　種別：フリーソフト　URL：http://www.google.co.jp/ime/

【著者紹介】
デジタルワークスラボ
コンピュータ書の制作を年間50冊以上手掛けるフリーライター集団。パソコンやスマートフォンなど、デジタルガジェットの知識に精通した人物や、その開発者などが所属している。過去に手掛けた書籍・ムックの点数は1,000冊にのぼる。主な著書に『必ず差がつく‼「デキる社員」と「普通の社員」のパソコン仕事術』(小社刊)など。

パソコン裏ワザ&便利ワザ事典

2016年1月1日　初版発行

定価（本体1,000円＋税）

著者	デジタルワークスラボ
発行人	塩見正孝
発行所	株式会社三才ブックス
	〒101-0041
	東京都千代田区神田須田町2-6-5 OS'85ビル
	TEL：03-3255-7995
	FAX：03-5298-3520
	郵便振替口座：00130-2-58044
	http://www.sansaibooks.co.jp
印刷・製本	大日本印刷株式会社

本書に掲載されている写真・記事などを、無断掲載・無断転載することを固く禁じます。万一、乱丁・落丁のある場合は小社販売部宛てにお送り下さい。送料小社負担にてお取り替えいたします。

©三才ブックス2016